Miriam Wiegele

Zauber Pflanzen

Miriam Wiegeles

Zauber Pflanzen

Magische Wirkung und zauberhafte Rituale

av BUCH

Inhaltsverzeichnis

Vorwort zur Neuauflage

(Foto: Anton Petrus/shutterstock.com)

Es ist nun über zehn Jahre her, dass dieses Buch über Zauberpflanzen erschien. Vielleicht ist es auch diesmal kein Zufall, dass die Nachfrage nach dem Buch kontinuierlich da war, sodass der Verlag sich zu einer neuen Auflage entschloss. Vor zehn Jahren war das Thema Hexen und Übernatürliches groß. Die Geschichten um Harry Potter wurden von Groß und Klein verschlungen, gewöhnliche Kräuter wurden zu Zauberpflanzen und die Ringelblumensalbe zu einer Hexenringelblumensalbe. Und überhaupt nannten sich fast alle Kräuterfrauen Kräuterhexen. Die gibt es zwar auch heute noch, aber Kräuterfrau sein hat mittlerweile einen seriösen Status bekommen. Es gibt heute mehr zertifizierte Kräuterpädagoginnen, Kräuterspezialistinnen und Kräuterbäuerinnen. Kräuterfrau zu sein ist zu einem Broterwerb geworden, Kräuter werden angebaut, um sie zu verarbeiten und auf Kräutermärkten zu verkaufen. Dagegen spricht grundsätzlich nichts, es ist gut, dass das Interesse an der Anwendung von Heilpflanzen so groß geworden ist. Doch überall dort, wo der Kommerz zu dominieren beginnt, geht vielleicht der Zauber der Kräuter verloren.

Daher denke ich, dass es wieder an der Zeit ist, die Leser zu dem Zauber hinzuführen, den alle unsere Pflanzen ausstrahlen, zu den Geschichten, die uns die Pflanzen über ihre Kräfte und ihre Anwendungen erzählen können und sie so wieder zu Zauberpflanzen werden lassen.

Miriam Wiegele,
September 2015

Sagenhafte Zauber Pflanzen

(Foto: Svenja98/fotolia.com)

Um Zauberkräfte nutzen zu können, muss man Wissen erwerben, das Wissen um die inneren Zusammenhänge der Dinge, um die verborgenen Kräfte des Universums. Wer diese Zusammenhänge kennt, kann auch die in den Dingen verborgenen Zauberkräfte erkennen und nutzen. Erst durch Wissen und Ritual wird eine Pflanze zu einer Zauberpflanze. Damit können Zauberpflanzen zum Nutzen oder Schaden der Menschen eingesetzt werden.

Was ist Zauberei?

Als Zauberei im weitesten Sinn werden üblicherweise alle Praktiken und Techniken bezeichnet, die dazu dienen, den Verlauf von Ereignissen auf übernatürliche Weise zu beeinflussen. Unsere Welt ist eine Einheit, die aus zwei Polen besteht, und ihr Zusammenwirken erschafft alle Erscheinungen, die wir kennen. Man nennt diese Pole Gut und Böse, Licht und Dunkel, Tag und Nacht, Himmel und Hölle sowie Gott und Teufel. Der Mensch möchte in einer heilen Welt leben, möchte gesund, erfolgreich und glücklich sein. Doch das Universum zeigt sich oft noch von einer anderen Seite. Ist der Mensch mit seiner Wirklichkeit nicht zufrieden, versucht er, sie zu verändern.

Entweder vertraut er einem göttlichen Ordnungsprinzip, das alles von selbst

*Die Samenstände der Kuhschelle (*Pulsatilla vulgaris*) nennt man Teufelsbart. (Foto: Gucio 55/fotolia.com)*

zum Besten reguliert, nimmt das „Schicksal“ zur Kenntnis oder versucht, Veränderung durch übernatürliche Manipulation zu erzwingen, durch Zauberei.

Zauberei und Magie

In jeder menschlichen Gemeinschaft gibt es Geschichten von Zauberern, von Menschen, die sich für gewöhnlich unsichtbare Kräfte zu eigen machen, um der Gemeinschaft zu nützen, indem sie Kranke heilen, Verzweifelten helfen, Nöte abwenden, Fruchtbarkeit bewirken und die dunkle Seite des Universums bannen. Man bezeichnet es auch als weiße Magie, wenn damit ein positives Ereignis heraufbeschworen oder ein negatives verhindert werden soll.
Schwarze Magie zielt dagegen auf negative Wirkungen ab oder will positive Wirkungen vermeiden. Es gibt also ebenso Geschichten von Zauberern, die der Gemeinschaft schaden, indem sie Krankheiten und Tod schicken, Unglück säen, die Fruchtbarkeit zum Erliegen bringen und die helle Seite des Universums trüben.
Überall, wo es guten Zauber gibt, kennt man auch den bösen Zauber. Guter Zauber und böser Zauber sind aber wieder die Pole einer Einheit, sie spiegeln das Drama der Welt wider. Und wer zaubern kann, der kann beides: Gutes und Böses bewirken.

Werkzeug und Ritual

Um Zauberkräfte nutzen zu können, muss man Wissen erwerben, das Wissen um die inneren Zusammenhänge der Dinge, um die verborgenen Kräfte des Universums. Um Zauber zu erwirken, bedarf es aber nicht nur des notwendigen Wissens, es bedarf eines entsprechenden Rituals und eines geeigneten Werkzeugs: Der Zauber wird durch das Ritual aktiviert und durch das Werkzeug geleitet. Wer diese inneren Zusammenhänge kennt, kann auch die in den Dingen verborgenen Zauberkräfte erkennen und nutzen. Erst durch Wissen und Ritual wird eine Pflanze zu einer Zauberpflanze. Damit können Zauberpflanzen zum Nutzen oder Schaden der Menschen eingesetzt werden.
Wenn wir nun all diese Betrachtungen zusammenfassen, können wir zu folgendem Schluss kommen: Ein Zauberer oder eine Zauberin ist ein Mensch, der sich besonderer Kräfte bedient, deren Anwendung nicht jedem Menschen möglich ist.

Zauberzeichen und Sprache

Zauberei und Magie können also je nach Betrachtung positiven oder negativen Beiklang haben. Das Wort „Zauber“ selbst wird etymologisch vom germanischen Wort „taufra, taubra“ abgeleitet, das wiederum auf das angelsächsische Wort „teafor“ für Roteisenstein oder Rötel zurückzuführen sein soll. Mit diesem roten Ocker wurden die Runen eingerieben, sodass Zauber ursprünglich wohl „zauberkräftige Geheimschrift“ bedeutete, denn das altgermanische Wort Rune war nicht nur ein Name für einen Buchstaben, sondern bedeutete zugleich Zauberzeichen.
Auch das englische Wort „spell“ bedeutet heute noch buchstabieren und zugleich Zauber. Die Verbindung von Magie und Sprache wird besonders deutlich, wenn man sich vor Augen hält, dass das englische Wort „glamour“, das nicht nur Glanz, sondern auch Zauber bedeutet, wortgeschichtlich eine verwandte Form von „grammar“ ist: Grammatik und Zauberei entspringen also der gleichen Wurzel.

Weise Magier

Die Wurzel des Wortes Magie soll dagegen aus dem Persischen stammen. „Magoi“ wurden bei den Medern und Persern die Priester der Zarathustra-Religion genannt. Die Magier waren daher ursprünglich die Theologen und Wissenschaftler – beides zugleich. Ihr Beruf war der eines Priestergelehrten, denn es gab noch keine gedankliche Trennung zwischen dem erlangten Wissen von und über die Welt und der Weltanschauung, der Religion.

Was sind Zauberpflanzen?

„In den Kräutern ist die ganze Kraft der Welt. Derjenige, der ihre geheimen Fähigkeiten kennt, der ist allmächtig", heißt es in einer altindischen Hymnensammlung. In früheren Zeiten, als die Menschen ihr intuitives Fühlen noch nicht verloren hatten, konnten sie die „Krafft der Tugenden der Kräuter und allerhandt Erdtgewächse" einfach erahnen.

Naturwissenschaftlich denkende Menschen nehmen an, dass in den Urzeiten der Menschheitsgeschichte nährende, heilende und giftige Pflanzen durch ein „Trial and Error"-System gefunden wurden, also durch Ausprobieren beziehungsweise durch Zufallsentdeckungen. Bei Naturvölkern findet man auch heute noch sensitiv veranlagte Menschen, die man als Schamanen bezeichnet. Hexen waren solche Schamaninnen und ihre wichtigsten Zauberwerkzeuge waren Pflanzen. Da Heilen auch immer als magischer Vorgang gesehen wurde, trennte man nicht zwischen heilenden Pflanzen und solchen mit Zauberkräften.

Psychoaktive Wirkung

Eine besondere Rolle spielten die Pflanzen, denen wir heute psychoaktive Wirkung zuschreiben: Pflanzen, die halfen, zu „dissoziieren", in Trance zu fallen und damit aus der Alltäglichkeit zu treten. „Hagezusse", „Zaunreiterin" nannte man daher auch die Hexen aufgrund ihrer Fähigkeit, mit einem Fuß in der Realität zu bleiben und mit dem anderen in der Traumwelt, der Welt der Visionen und Imaginationen, zu stehen. Mithilfe solcher Pflanzen konnten Hexen auf Seelenflug gehen und ihre besonderen Kenntnisse vermitteln. Sie verhalfen ihnen zu heilen, Liebestränke herzustellen, Unglück und bösen Zauber abzuwehren und Glück zu bringen.
An sich verdienen alle Kräuter die Bezeichnung „Zauberkräuter", denn jede Pflanze hat ihren eigenen Zauber und ihr eigenes Wesen. Trotzdem war die Zahl der Pflanzen, die als besonders zauberkräftig betrachtet wurden, beschränkt.

Auffällige Blütenformen

Solche Zauberkriterien waren auffällige Blütenformen. Das Löwenmaul (*Antirrhinum majus*) ist ein Beispiel dafür, ebenso wie Arnika (*Arnica montana*) mit ihrem an die Sonne erinnernden Blütenkranz. Die blutrote Farbe der Klatschmohnblüten erweckte genauso das Interesse wie das Kornblumenblau. Einer Pflanze wie der Wegwarte (*Cichorium intybus*), die mit ihren himmelblauen Blüten immer nach Osten schaut und diese gegen Mittag schließt, wurden ebenso Zauberkräfte zugeschrieben wie der Eberwurz (*Carlina acaulis*), deren Blüten fast ohne sichtbaren Stängel am Boden liegen und deren Blütenköpfe sich schließen, wenn schlechtes Wetter naht. Die Königskerze (*Verbascum bombyciferum*) erinnert mit ihrem Blütenstand tatsächlich an ein Licht, das von oben kommt, was sich auch in ihrem noch immer gebräuchlichen Namen „Himmelsbrand" ausdrückt. Im Gegensatz dazu sieht man der düsteren Blütenfarbe und der Zeichnung der Blüten des Schwarzen Bilsenkrautes (*Hyoscyamus niger*) ihre Giftigkeit und daraus resultierend ihre magische Funktion regelrecht an.

Besondere Wurzeln

Auch auffällige Wurzeln konnten zauberkräftige Eigenschaften signalisieren. Die menschenähnlich gestaltete Wurzel der Alraune (*Mandragora officinarum*) musste den Glauben wecken, dass man damit Menschen verzaubern kann. Die an Hoden erinnernden Wurzelknollen mancher Knabenkräuter (*Orchis* spec.) assoziierte man mit Liebeszauber. Das Salomonssiegel (*Polygonatum* spec.), das in den Abschnitten des Wurzelstockes siegelähnliche Eindrücke aufweist, soll seinen Namen daher haben, dass König Salomon damit Felsen gesprengt hat, die beim Bau seines Tempels im Wege standen. Das Salomonssiegel wurde so zu einer Zauberpflanze, mit der man Türen und Schlösser sprengen konnte, um zu verborgenen Schätzen zu gelangen.

Geruch und andere Besonderheiten

Biologische Besonderheiten konnten Pflanzen ebenfalls in „zauberischen" Ruf bringen, wie etwa die der Mistel (*Viscum album*): Sie meidet die Erde und wächst auf Bäumen. Farnkräuter beschäftigten die Fantasie der Menschen vor allem deshalb, weil sie sich vermehren, ohne Blüten und Samen zu bilden, was zu vielen Vermutungen führte.
Pflanzen, deren jahreszeitlicher Wuchsrhythmus aus der Norm war, schrieb man auch Zauberkräfte zu, wie etwa der Christrose (*Helleborus niger*), deren „Blum uff die Christnacht sich uffthuit und blüet" oder der Herbstzeitlose (*Colchicum autumnale*), die schon 1485 im *Hortus Sanitatis* als „zytloiß" beschrieben wurde, als „eyn krut und bluet an dem ende desz herbstmonets".
Auch Pflanzen mit auffallendem Geruch mussten eine zauberkräftige Wirkung haben, so der aromatische Wohlgeruch der meisten Würzkräuter wie Dill und Dost. Man sagte, dass Hexen diesen Duft nicht ausstehen können und man sich damit gegen ihren Zauber schützen könne. Narkotische Blütendüfte wie die mancher Lilien oder der eigenartige Geruch des Baldrianwurzelstockes (*Valeriana officinalis*), der Katzen wie magisch anlocken kann, sollten ebenfalls helfen, sich gegen Verzauberung zu schützen.

Die Zaubernamen

Vielfach erzählen uns die Namen, die den Pflanzen gegeben wurden, von den Zauberwirkungen, die man ihnen zuschrieb. Der Teufelsabbiss (*Succisa pratensis*) hat einen Wurzelstock, der wie abgebissen aussieht. Denn man sagte, dass „der Teufel die Nutzung oder besondere Krafft dieser Wurtzeln dem Menschen mißguenne und … beisse sie deswegen in der Erde ab".

Wie das Hexenkraut (*Circaea lutetiana*) zu seinem Namen kam, ist leider unbekannt. Diese absolut unauffällige und unscheinbare Pflanze steht auch keineswegs im Ruf der Giftigkeit. Trotzdem wurde sie offenbar in solcher Nähe zu Hexen gesehen, dass ihr Carl von Linné mit dem botanischen Namen einen Hinweis auf die berühmte Zauberin der Antike, Circe, gab.

*Teufelsabiss (*Succisa pratensis*) (Foto: Laux)*

Das Hexenkraut

Das Wissen um die Zauberkraft dieser Pflanze ist leider verloren gegangen, doch manche Geschichten erzählen, dass früher Frauen glaubten, wenn sie ein Blatt des Hexenkrautes am Körper trügen, sie eine solche Ausstrahlung bekämen, dass sie alle Männer bezirzen könnten. Da die Pflanze sicher nicht giftig ist, könnten Kräuterhexen ja einen Versuch wagen.

Die geheimnisvollen Unbekannten

Groß ist die Zahl der als magisch bekannten Pflanzen, und doch wird man so manche vergeblich in den Lehrbüchern der Botanik suchen. Teils, weil ihren Beschreibungen und Namen zu wenige Hinweise auf reale Pflanzen zu entnehmen sind, teils, weil diese Pflanzen vielleicht auch lediglich in der Fantasie- und Wunschwelt existierten.

Moly und die Odyssee

Die berühmteste Zauberpflanze des klassischen Altertums war „Moly". In Homers Heldenepos *Odyssee* taucht sie erstmals auf: Es wird erzählt, wie Odysseus mit ihrer Hilfe seine Gefährten, die von der Zauberin Kirke in Schweine verwandelt worden waren, erlöste. Weiße Blüte und schwarze Wurzel – für eine Pflanzenbestimmung ist das nicht gerade viel, und schon im Altertum hat man gerätselt, um welche Pflanze es sich bei Moly wohl handeln könnte. Theophrast, ein Schüler des Aristoteles, meinte, dass es ein Zwiebelgewächs sei, das der Meerzwiebel (*Drimia maritima*), einer äußerst giftigen Pflanze, sehr ähnlich sein müsse.

Soma, eine Gottheit

In den altindischen vedischen Schriften wird die heilige Pflanze „Soma" gepriesen, die zur Gottheit und „Stütze des Himmels" erhoben wurde. Angeblich wuchs sie auf einem hohen Berg und der erste Mensch bereitete sich aus ihr einen Trank und weihte ihn Indra, dem Schöpfergott. Das Wissen um die botanische Identität dieser Pflanze ist ebenfalls verloren gegangen, aber sie soll berauschend, euphorisierend und aphrodisierend gewirkt haben. Ethnobotaniker vermuten, dass es sich bei der Somapflanze um den Fliegenpilz (*Amanita muscaria*) oder eine andere psychoaktive Pflanze gehandelt haben könnte.

*Meerzwiebel (*Drimia maritima*)*
(Foto: leospek/shutterstock.com)

Suche nach der Wunderblume

Im Volksglauben tauchten immer wieder sogenannte „Wunderblumen" auf. Geschichten wie die einer Frau, die unterwegs war, um für ihr krankes Kind Medizin zu holen und eine wunderschöne Blume fand, gibt es unendlich viele. Viele haben daraufhin nach der Wunderblume gesucht, aber niemand hat sie je gefunden.

Die klassischen Zauberpflanzen

Manchen Pflanzen wird sehr konkrete Zauberwirkung zugeschrieben, zum Beispiel den Liebeszauberpflanzen. Die klassischen Zauberpflanzen aber waren Pflanzen, von denen man meinte, dass sie Schlösser sprengen, zu Schätzen und Reichtum verhelfen, vor Hexenwesen und Spuk schützen und sogar unsichtbar machen können – Pflanzen also, die dem Menschen alles, was er sich an Zauberwirkungen nur wünschen konnte, vermitteln sollten.

Schwarzes Bilsenkraut (Hyoscyamus niger)
(Foto: hjschneider/Fotolia.com)

Die **Alraune**

Die berühmteste aller Zauberpflanzen war seit frühesten Zeiten die Alraune *(Mandragora officinarum)* aus der Familie der Nachtschattengewächse (Solanaceae). „Alruna" ist die althochdeutsche Bezeichnung für mystische Wesen wie Elfen, aber auch für Alben, Kobolde und andere Gestalten, die mit Zauberfähigkeiten begabt sind und im Geheimen wirken. Später wurde dieser Name dann auf die Wurzel der Mandragora übertragen, einer Pflanze, die bei uns nicht heimisch ist, deren getrocknete Wurzeln aber als Zaubermittel seit alters her ein geschätztes Handelsobjekt waren.

*Alraune (*Mandragora officinarum*)*
(Foto: Phototribe/fotolia.com)

WAS IST EINE **ALRAUNE?**

Die *Mandragora* ist nahe verwandt mit Pflanzen wie Tollkirsche, Bilsenkraut und Stechapfel und ebenso giftig. Ihr Aussehen und Wuchsverhalten unterscheiden sich aber sehr von ihren botanischen Verwandten und erfüllen mit ihrer Eigenart alle Kriterien einer Zauberpflanze. Ihre Heimat ist der Mittelmeerraum. Dort wächst sie vor allem auf Ödland und Schuttplätzen. Im Frühling bildet sich eine Blattrosette, aus der gestielte weiß-bläuliche Blüten erscheinen, die sich zu gelblichen Früchten, die kleinen Äpfeln gleichen, entwickeln. Noch während der Blüte beginnen die Blätter gelb zu werden und ziehen dann bald ein, sodass von der Alraune bis zum nächsten Frühjahr nichts mehr zu sehen ist. Noch auffälliger aber ist ihre Pfahlwurzel, die meist gespalten ist und daher in der Fantasie der Menschen mit Menschenbeinen verglichen wurde.

ZAUBER DER **ALRAUNE**

In alten Zeiten unterschied man die Alraunen je nach ihrer Wurzelform in „Männlein" und „Weiblein", wobei den Ersteren die stärkere Wirkung zukam. Es war verständlich, dass jeder den Wunsch hatte, eine Alraune zu erwerben. Der Besitz der Wurzel bedeutete Hausglück, Gesundheit, Kindersegen, Reichtum und Ehre.
Der Alraun verdoppelte in der Nacht neben ihn gelegtes Geld, schützte den Wein vor dem Verderben und das Vieh vor dem Verhexen. Er verhalf zu günstigem Prozessausgang, ja, es gab nichts, zu dem der Alraun nicht imstande war. Daher kleideten die stolzen Besitzer die Wurzeln häufig wie Puppen in Samt und Seide und legten sie in kostbar ausgeschlagene Schächtelchen. Und oft wurde für dieses universelle Zaubermittel eine eigene Ecke eingerichtet, ähnlich einem „Herrgottswinkel".

Der
Allermannsharnisch

Der Allermannsharnisch (*Allium victorialis*) aus der Familie der Liliengewächse (Liliaceae) ist eine sehr dekorative Pflanze, die auf Matten und Wiesen in den Alpen wächst.
Oft wurde der Allermannsharnisch als „Alraun der kleinen Leute" bezeichnet. Als solche wurde die Zwiebel dieser Pflanze auf den Märkten angeboten. Als Schutz gegen Behexungen hängten die Bewohner die Zwiebel in Hütten und Häusern auf oder vergruben sie unter der Türschwelle.

ZAUBER DES **ALLERMANNSHARNISCH**

Den Namen hat die Pflanze vor allem daher, dass ihre Zwiebel von Fasern umgeben ist, die an einen kettenhemdartigen Harnisch erinnern. Daher war der Allermannsharnisch bei Rittern und Knappen als Amulett besonders begehrt. Er sollte sie hieb-, stich- und kugelfest machen und zusätzlich noch „Neunmalkraft" verleihen. Möglicherweise heißt der Allermannsharnisch daher auch Siegwurz. Auch Bergknappen schützten sich mit der Wurzel vor den Poltergeistern und Kobolden im Berg.

Wider den Teufel

Auch den Teufel konnte der Allermannsharnisch vertreiben. Als der Teufel einmal ein junges Mädchen verführen wollte, hielt ihm diese eine Wurzel des Allermannsharnisch entgegen. Da floh der Böse mit den Worten: „Allermannsharnisch, du böses Kraut, hast mir genommen meine junge Braut."

*Allermannsharnisch (*Allium victorialis*)*
(Foto: Eberhard Morell/OKAPIA)

Die **Mistel**

Als Zauberkraut ebenso berühmt wie die Alraune ist die geheimnisvoll auf Bäumen schmarotzende Mistel (*Viscum album*) aus der Familie der Mistelgewächse (Viscaceae). Heilsam und Böses abwehrend, so bezeichneten schon die keltischen Druiden die Mistel. Sie nannten sie „Alles Heilende" und glaubten, dass die Zweige der Mistel direkt vom Himmel auf die Bäume gefallen seien.
Die Heilwirkung der Mistel kannte man auch im Mittelalter. Eine Pflanze, die auf Bäumen wächst und „darum nicht auf die Erde fallen kann", wurde als unfehlbares Mittel gegen die „Fallsucht", die Epilepsie, gerühmt.

WAS IST EINE **MISTEL?**

Die Misteln bilden eine eigene Familie der Mistelgewächse. Man unterscheidet zwischen Laubholz-Misteln (*Viscum album*), die auf Laubhölzern, vor allem Pappeln, Apfel- und Birnbäumen, seltener auf Eschen und extrem selten auf Eichen wachsen können, und Nadelholz-Misteln (*Viscum laxum*), die wiederum in die Unterarten Tannen-Mistel (*Viscum laxum* subsp. *abietes*) und Föhren-Mistel (*Viscum laxum* subsp. *laxum*) untergliedert werden. *Viscum*-Arten sind primär in Mitteleuropa heimisch. Die Mistel ist ein Halbschmarotzer, der sich mithilfe von Senkern, die tief in das Holz der Wirtspflanze getrieben werden, die Nährstoffe holt. Misteln behalten auch im Winter ihr ledriges, grünes Blattwerk und verhalten sich überhaupt so, als ob die Jahreszeiten sie nichts angingen. Die Mistel hatte daher für die Menschen immer etwas Unheimliches an sich.

BRAUCHTUM

Fand ein Mädchen eine Mistel auf einem Apfelbaum, war eine baldige Heirat in Aussicht. So galt die Pflanze als Glücksbringer und Fruchtbarkeitssymbol. Das drückt sich auch in vielen Bräuchen aus. Vor allem in England ist es heute noch Brauch, Mistelzweige an die Decke zu hängen und sich darunter gegenseitig Glück zu wünschen. Besonders viel Glück bringt es Mädchen, von einem Mann unter solchen Mistelzweigen überrascht zu werden. Der Mann hat dann nämlich das Recht, das Mädchen zu küssen, und so etwas soll ja manchmal der Beginn einer glücklichen Ehe sein.

Gegen den bösen Blick

Im Volksglauben wurde die Mistel als Zauberpflanze schlechthin betrachtet. Eine Mistelbeere, in Silber gefasst, machte gegen jede Verhexung immun. Mistelamulette hat man in ländlichen Gegenden bis in die heutige Zeit getragen „wider die Berufung und den bösen Blick".

*Mistel (*Viscum album*)*
(Foto: LianeM/Fotolia.com)

Beispiele
für klassische Zauberpflanzen

Name	Zauber	Wuchshöhe	Blütezeit	Blütenfarbe	Standort
lateinisch, deutsch		in cm	(Monat)		
Allium victorialis, Allermannsharnisch	Schutz, Kraft	30 – 60	VI – VII	gelb-weiß	
Arnica montana, Arnika	Glück, Wetter	30 – 60	VI – VIII	gelb	
Carlina acaulis, Eberwurz	Wetter, Kraft	30	VII – VIII	silberweiß	
Cichorium intybus, Wegwarte	Schutz, Glück	bis 120	VII – VIII	blau	
Circaea lutetiana, Hexenkraut	zum „Bezirzen"	20 – 60	VII – VIII	weiß-rosa	
Colchicum autumnale, Herbstzeitlose	gegen Schaden	5 – 20	VIII – X	rosa-lila	
Helleborus niger, Christrose	Unsterblichkeits-elixier	20	XII – III	weiß	
Hyoscyamus niger, Bilsenkraut	Hexensalbe	30 – 60	VII – IX	gelb	
Mandragora officinarum, Alraune	Allzauberpflanze	30	III	hellviolett	
Polygonatum spec., Salomonssiegel	Glück, Geld	50	V – VII	weiß	
Succisa pratensis, Teufelsabbiss	Schutz	bis 60	VII – IX	blau	
Valeriana officinalis, Echter Baldrian	Schutz	bis 150	VII – IX	weiß-rosa	
Verbascum bombyciferum, Königskerze	Wetter, Schutz	bis 180	VI – VIII	gelb	
Viscum album, Mistel	Allzauberpflanze	bis 50	II – V	gelb-grün	

Von der „Krafft und Würckung“ der Zauber Pflanzen

(Foto: Elena Kovaleva/fotolia.com)

Das Bemühen, Krankheiten, Gebrechen und Beschwerden zu verhüten und zu heilen, ist so alt wie die Menschheit. Immer waren es auch die Pflanzen, die sich dafür mit den in ihnen schlummernden Wirkstoffen anboten. Der wahre Meister der Signaturkunde war Paracelsus, der lieber von den Kräuterfrauen und Wurzelgrabern lernte als in den Studierstuben der Universitäten:
„Alles, was die Natur gebiert, das formt sie nach dem Wesen seiner Tugend und nichts ist, was die Natur nicht gezeichnet habe, und durch die Zeichen kann man erkennen, was im Gezeichneten verborgen ist."

Signaturen der Pflanzen

Nomen est omen? Pflanzennamen sind oft die Essenz jahrhundertealter Erfahrungen. Namenssignaturen wie Augentrost *(Euphrasia* spec.), Lungenkraut (*Pulmonaria officinalis*), Magenwurz (*Acorus calamus*) oder Milzkraut (*Chrysosplenium alternifolium*) erzählen uns ganz deutlich, welche heilenden Kräfte man den Pflanzen zusprach. Paracelsus hat solche Namen sehr ernst genommen und empfahl sie als Anregung zu tiefer gehenden Studien.

Organsignaturen

Neben dem Augentrost zeigen vor allem blaue Blüten Sympathie zu den Augen, wie die Kornblume (*Centaurea cyanus*) oder die Wegwarte (*Cichorium intybus*), die sich nach der Sonne wenden. Dagegen blicken uns die dunklen Beeren der Tollkirsche (*Atropa belladonna*) wie magische Augen an.

Über Organsignaturen könnte viel erzählt werden. Der Kürbis, der die Fähigkeit hat, Flüssigkeit zu speichern, erinnert durch seine Form an die Harnblase, und tatsächlich findet man Wirkstoffe in den Kernen, die eine stärkende Wirkung auf die Blasenmuskulatur haben. Rhizome, also die Wurzelausläufer von Pflanzen, ähneln der Gestalt des Darmes. Kalmus (*Acorus calamus*), aber auch die Exoten Ingwer (*Zingiber officinale*) oder Galgant (*Alpinia officinarum*) sind tatsächlich verdauungsanregend.

Der Frauenmantel (*Alchemilla vulgaris*), dessen schüsselförmiges Blatt mit der Tauperle in der Mitte oft mit dem weiblichen Schoß verglichen wurde, ist tatsächlich „aller Frauen Heil" und hilft bei allen Frauenleiden.

Die „Urbeziehung" zwischen Rinde und Haut tritt bei der Birke (*Betula alba*) deutlich zutage. Schon in der Jugend schält sich die äußere Schicht der schneeweißen Rinde ab und Birkenblättertee hilft tatsächlich bei rissigen, schuppenden Hauterkrankungen.

Lange wurde Paracelsus belächelt, weil er aufgrund der Dreiteilung ihrer Blätter eine Pflanze Leberblümchen (*Hepatica nobilis*) nannte. Heute wissen wir, dass die Leber tatsächlich drei Lappen hat und das Leberblümchen in homöopathischer Form bei Leberproblemen helfen kann.

Pflanzenstandort und Bedeutung

Es sind nicht immer nur das Äußere und die Erscheinungsform der Pflanze, die uns auf ihre inneren Qualitäten schließen lassen. Der wahre Kräuterkundige sollte auch ihren Standort beachten. Pflanzen, die im Feuchten wachsen, also ständig „nasse Füße" haben, helfen oft gegen Krankheiten, die durch nasse Füße entstehen, also gegen Erkältungen jeder Art. Ein schönes Beispiel dafür ist das Mädesüß (*Filipendula ulmaria*), eine Pflanze, die auf feuchten Wiesen wächst und deren Inhaltsstoff Salicylsäure zur synthetischen Herstellung von Aspirin anregte.

Immergrüne Pflanzen symbolisieren nicht nur eine dauernde Wachstumsperiode, sie wurden auch immer als Symbol für ein langes Leben gesehen. Tatsächlich helfen sie oft gegen typische Altersleiden, wie das Immergrün (*Vinca minor*) gegen Altersvergesslichkeit.

Wurzeln des Galgant (Alpinia officinarum) *(Foto: Tim Scott/fotolia.com)*

(Foto: ksena32/fotolia.com)

Typische
Signaturpflanzen
für den Garten

Name	Signatur	Wuchshöhe	Blütezeit	Blütenfarbe	Standort
lateinisch, deutsch		in cm	(Monat)		
Acorus calamus, Kalmus, Magenwurz	Name	bis 150	VI – VII	grüne Blütenkolben	○–◐ Sumpfpflanze
Alchemilla vulgaris, Gemeiner Frauenmantel	Name, Blatt	20 – 50	VI – VII	unscheinbar	◐–●
Centaurea segetum, Kornblume	blaue Blüten	bis 90	VII – X	blau	○
Chrysosplenium alternifolium, Milzkraut	Name	10 – 15	III – VI	gelb	◐
Euphrasia, spec., Augentrost	Name, Blüten	10 – 30	VI – IX	weiß	○
Filipendula ulmaria, Mädesüß	Standort	bis 200	VI – VIII	weiß	○–◐
Hepatica nobilis, Leberblümchen	Name, Blatt	10	III – V	blau	◐–●
Pulmonaria officinalis, Echtes Lungenkraut	Name	15 – 30	III – IV	rot-blauviolett	○–◐
Vinca minor, Immergrün	immergrün	10	IV – V	blau	◐–●

Planetensignaturen und ihre Wirkungsbereiche

Früher war es dem Menschen leichter, mit Symbolbegriffen zu arbeiten, da das Denken damals nicht im heutigen Ausmaß logisch-analytisch ausgerichtet war. Doch es gibt „Urprinzipien“, die es ermöglichen, das Denken jener Tage nachzuvollziehen. Diese Urprinzipien wurden, um sie besser verstehen zu können, nach den Planeten benannt. „Wie außen, so innen“, ist der Lehrsatz des Hermes Trismegistos, und das heißt auch, vom Makrokosmos auf den Mikrokosmos zu schließen. Daher hat man diese Urprinzipien nach den Planeten benannt, den kosmischen Grundkräften. Der Mensch als Mikrokosmos, als kleine Welt, trägt alle diese Urprinzipien in sich.

Das Mondprinzip

In der äußeren Welt bestimmt der Mond Ebbe und Flut, das Brunftverhalten der Tiere und die Wachstumsrhythmen der Lebewesen. Im Menschen hat der Mond mit dem Monatsfluss und anderen Biorhythmen zu tun, beispielsweise lebt eine Hautzelle 28 Tage. Der Mond ist astrologisch das Gegenteil der Sonne, das passive, weibliche Prinzip. Daher regiert er das Flüssige im Körper, unter anderem die Lymphe, aber auch den Hormonhaushalt.
Bei den Pflanzen findet man das Mondprinzip im Keimen und Sprießen, aber auch im Faulen und Verrotten. Weiße Blüten zeigen eine Mondsignatur, die weiße Taubnessel (*Lamium album*) ist eine typische Mondpflanze. Pflanzen, die ihre Blüten erst am Abend öffnen und solche mit narkotisch betörenden Düften, vor allem, wenn sie diese Düfte erst abends entwickeln, repräsentieren das Mondprinzip. Die Nachtviolen (*Hesperis matronalis*) und die Madonnenlilie (*Lilium candidum*) zeigen es sehr deutlich. Aber auch alle wässrig aufgedunsenen Gebilde wie die Gurke und Melonen sind lunarer Natur. Ebenso solche mit Milchsaft wie Mohn und alle Wolfsmilchgewächse. Der Name Nachtschattengewächse bezeichnet mehr als deutlich, dass Pflanzen wie die Tollkirsche oder das Bilsenkraut den Menschen in „umnachtete“ Zustände befördern können.

(Foto: tournee/fotolia.com)

Das Merkurprinzip

Der flinke Götterbote, das ist Merkur, repräsentiert Beweglichkeit, Veränderung und Kommunikation. Er ist der Gott der Diebe und Gaukler, der Apotheker und auch der Ärzte. Das Merkurprinzip regiert daher im Körper die Lungen, die auch das Sprechen und damit die Kommunikation erst ermöglichen, und die Nerven, die unseren Muskeln verhelfen, flink zu werden.
Als flinkem Gott unterstehen dem Merkur Pflanzen, die durch schnelles Sprießen und raschen Wandel gekennzeichnet sind. Es sind Pflanzen wie das Springkraut (*Impatiens glandulifera*), die in einer Vegetationsperiode vom Samenkorn zu mannshoher Größe heranwachsen und fast baumartige Stängel produzieren. Aus den rosa Blüten entwickeln sich im Herbst Samenkapseln, die beim geringsten Windhauch platzen und die Samen regelrecht herausschießen lassen.
Merkurpflanzen sind auch Schlingpflanzen wie der Hopfen (*Humulus lupulus*). Er hilft denen, die ständig überreizt sind, den Nachtschwärmern, die nicht einschlafen können.
Die schirmartigen Blütenstände der Doldenblütler signalisieren die Luftigkeit des beflügelten Götterboten. Sie helfen nicht nur gegen Luftigkeit im Bauch, sondern sie bringen auch die Leichtigkeit, die hilft, sich gegen Verzauberung zu wehren. Kümmel und Dill betrachtete man als die Pflanzen, die gegen Verhexen schützen sollten. Die zwiespältige Natur des Götterboten Merkur spiegelt sich in Pflanzen wider, die Blüten in Komplementärfarben haben, wie die Kuhschelle (*Pulsatilla vulgaris*) oder das Stiefmütterchen (*Viola tricolor*).

Das Venusprinzip

Venus, die Göttin der Liebe, offenbart sich in allen lieblichen Dingen, im zarten Frühlingsgrün, in schönen Blüten und sinnlich betörenden Düften. Vor allem die Farbe Rosa zeigt das Venusprinzip an und auch der süße Geschmack von Früchten.

Das Venusprinzip steht für Harmonie und Ausgleich, Schönheitssinn und Lebensbejahung. Venuspflanzen waren daher auch immer Bestandteile von Lebenselixieren. Die Venuspflanze schlechthin ist die Rose. Sie vereint zarte Blütenfarben mit sinnlichem Duft. Daher wird das ätherische Öl ihrer Blüten in der Aromatherapie zum Harmonisieren verwendet. Es hilft auszugleichen, wenn der Hormonspiegel schwankt, und zu besänftigen, wenn die Seele leidet, beispielsweise bei Liebeskummer.
Eine andere typische Venuspflanze ist der Frauenmantel. Die runde Form der

Schöne Pflanzen mit

Planetensignaturen

Name	Planet	Wuchshöhe	Blütezeit	Blütenfarbe	Standort
lateinisch, deutsch		in cm	(Monat)		
Hesperis matronalis, Nachtviole	Mond	60 – 70	VI – VII	lila	○–◐
Lamium album, Weiße Taubnessel	Mond	30 – 60	IV – X	weiß	◐–●
Lilium candidum, Madonnenlilie	Mond	100	VI	weiß	○–◐
Aquilegia vulgaris, Akelei	Merkur	bis 80	V – VI	blau	◐–●
Impatiens glandulifera, Springkraut verwildert!	Merkur	bis 200	VI – X	rosa	○–●
Pulsatilla vulgaris, Kuhschelle	Merkur	30	III – IV	hellviolett	○
Althaea officinalis, Eibisch	Venus	bis 200	VII – IX	rötlich weiß	○
Malva sylvestris, Wilde Malve	Venus	bis 150	VII – IX	rotviolett	○–◐
Rosa spec., Rose	Venus bis 250	V – IX	alle		○–◐
Adonis vernalis, Adonisröschen	Sonne	20	III – IV	gelb	○
Hypericum perforatum, Johanniskraut	Sonne	50	VI – VII	gelb	○
Inula helenium, Alant	Sonne	200	VII – VIII	gelb	○
Ilex aquifolium, Stechpalme	Mars	Strauch	V – VI	gelb	○–◐
Arum italicum, Aronstab	Mars	bis 30	V – VI	gelblich (rote Fruchtstände)	◐–●
Tropaeolum majus, Kapuzinerkresse	Mars	Kletterpflanze	VII – X	gelb, orange, rot	○–◐
Agrimonia eupatoria, Odermening	Jupiter	bis 80	V – VII	gelb	○–◐
Gentiana lutea, Enzian	Jupiter	bis 150	V – VI	gelb	○
Quercus spec., Eiche	Jupiter	Baum	IV – V	unscheinbar (Früchte: Eicheln!)	○
Aconitum napellus, Eisenhut	Saturn	bis 150	VI – VIII	blau	○–◐
Actaea spicata, Christophskraut	Saturn	30 – 60	V – VI	weiß	◐–●
Artemisia absinthium, Wermut	Saturn	bis 100	VI – VIII	gelb	○

Der **Alant**

Der Alant (*Inula helenium*) aus der Familie der Korbblütler (Asteraceae) stammt ursprünglich aus Zentralasien und fand über die Klostermedizin Eingang in die Bauerngärten. Die ausdauernde Heilpflanze ist problemlos winterhart.
Der Alant zeigt uns in vieler Hinsicht seine Sonnensignatur. Seine Blüten sehen aus wie kleine Sonnenblumen.

Die Pflanze wird bis zu 1,5 Meter hoch und ist durch sehr große, längliche Blätter gekennzeichnet. Trotz der dominierenden Blattmasse ist die Beziehung der Pflanze zur Sonne so stark, dass sie deren Kraft bis in die Wurzeln bringt. Der Tee daraus bringt wärmende Wirkung in die Atemwege und dient der allgemeinen Kräftigung.

ZAUBERWIRKUNG **UND BRAUCHTUM**

Der Alant wurde als Mittel gegen Verzauberung geschätzt. Insbesondere Kinder schützte man, indem man ihnen Alant in die Kleider nähte. In vielen Gegenden war er Teil des Kräuterstraußes. Das Donnerkraut musste vor dem ersten Donner gesammelt werden..

*Alant (*Inula helenium*)*
(Foto: Antje Lindert-Rottke/fotolia.com)

*Brennnessel (*Urtica dioica*)*
(Foto: mediamouse/fotolia.com)

Die **Brennnessel**

Eine absolut typische Marspflanze ist die Brennnessel (*Urtica dioica*) aus der Familie der Brennnesselgewächse (Urticaceae): Brennende und beißende Blätter, sich überall zäh durchsetzend und andere Pflanzen verdrängend, das ist die Signatur des Kriegsgottes. Das dem Mars entsprechende Metall ist das Eisen und man findet es tatsächlich reichlich in der Brennnessel. Dem Kriegsgott entspricht auch die Farbe Rot, demzufolge ist die Brennnessel eine Pflanze, die Blut bilden und reinigen kann.

EIN LOBLIED AUF DIE **BRENNNESSEL**

Die Brennnessel ist eine Zeigerpflanze, die stickstoffreiche Böden erkennen lässt. Die Jauche aus ihren Blättern ist daher ein einfach herzustellender Stickstoffdünger.
Manchmal hilft die beißende Wirkung eines Brennnesselauszuges, Blattläuse zu vertreiben.

ZAUBERWIRKUNG

In der germanischen Mythologie war die Brennnessel dem Gewittergott Donar zugeordnet und sollte daher helfen, vor Blitzschlag zu schützen. Als antidämonisches Mittel diente sie im Stall und sollte das Gemüse vor Vogelfraß und Raupen bewahren. Außerdem sollte das brennende Kraut bei Liebeszaubern nützlich sein.

Die **Schneerose**

Pflanzen, deren Blühverhalten außergewöhnlich ist, die sozusagen „zeitlos" sind, zeigen Zeichen des Saturnprinzips. Die Schneerose (*Helleborus niger*) aus der Familie der Hahnenfußgewächse (Ranunculaceae) wird auch „Christrose" oder „Weihnachtsrose" genannt, weil sie manchmal schon um Weihnachten herum zu blühen beginnt. Ein anderer Name ist Schwarze Nieswurz, weil sie dank ihrer schleimhautreizenden Wirkung als Schnupftabak verwendet wurde.

Paracelsus schätzte die Nieswurz ganz besonders und sah in der Saturnpflanze vor allem ein lebensverlängerndes Mittel. Er verwendete die Blätter in seinem „Elixierum ad longam vitam" (angeblich war es so wirkungsvoll, dass ihn – vielleicht – böse Konkurrenten deshalb eine Stiege runterpoltern ließen). Da die Schneerose sehr giftig ist, wird sie nur homöopathisch verwendet, beispielsweise gegen Herzschwäche.

*Schneerose (*Helleborus niger*)*
(Foto: RobertoC/fotolia.com)

ZAUBERWIRKUNG

Da die weißen Blüten und die grünen Blätter der Schneerose Schnee und Kälte trotzen, sprach man ihr magische Kräfte zu und verwendete sie zur Abwehr von Schadenszauber und als Orakelpflanze, die das Wetter vorhersagen sollte (siehe Seite 125). Bei einer reichen Blüte sollte ein gutes Weinjahr bevorstehen, so glaubte man, weshalb sie auch „Weinblume" genannt wurde. Dass sie gegen den „Viehschelm", den Rotlauf und Milzbrand, helfen sollte, brachte ihr den Namen „Schelmwurzel" ein. Die Blüten wurden dazu an den Stall genagelt.

Zauberhafte Verwandlung

Die Schneerose war schon den Germanen bekannt und eine Geschichte erzählt, wie diese Pflanze entstand: Ein armes Mädchen wurde von seiner Tante zur Winterszeit in Nacht und Kälte hinausgejagt. Doch die Göttin Freya erbarmte sich seiner und verwandelte es in eine Pflanze, die Schneerose.

Magische Pflanzzeiten

(Foto: Friedberg/fotolia.com)

Früher war der Mensch viel intensiver eingebettet in den großen Rhythmus des Jahres. Dabei begleiteten ihn auch die Pflanzen, die eine große Rolle bei so manchen Jahreszeitenfesten spielten. An Sonnenwenden, Tagundnachtgleichen und Kreuz-Viertel-Tagen war man der Anderswelt besonders nah. Den Pflanzen wurde zu diesen Zeiten eine besondere Zauberkraft zugesprochen. Das Kräutersammeln selbst durfte außerdem nur unter ganz bestimmten Voraussetzungen durchgeführt werden.

Im Jahresrhythmus eingebettet

Die achtteilige Jahresgliederung, die die keltischen Hirtennomaden als Schema der Zeiteinteilung verwendeten, wurde bestimmt von den Sonnenwenden und den Tag- und Nachtgleichen, die die vier Kardinalzeiten bildeten. Weitere Feiertage, die „Kreuz-Viertel-Tage", lagen genau zwischen den vier unbeweglichen, durch die Sonne bestimmten Kardinalpunkten. Diese „Zwischenfeiertage" wurden an den Vollmonden gefeiert und waren deshalb beweglich. Diese acht Feste galten als magische Zeiten, in denen der Mensch der Anderswelt besonders nahe war. Für Heiler und Kräuterkundige waren diese Tage wichtig, nicht nur, weil dann die Pflanzen als besonders heilkräftig galten, sondern weil ihnen dann auch Zauberkräfte zugesprochen wurden.

(Foto: Simone Werner-Ney/fotolia.com)

Maria Lichtmess

Das erste dieser Feste, das heutige Maria Lichtmess, war der Lichtgöttin Brigid gewidmet und läutete das Wiedererwachen der Natur ein. Für die Kelten war Brigid die vom „Strahlenkranz umgebene" Lichtjungfrau, die mit ihrem Erscheinen die Herrschaft der dunklen Percht und somit den tiefen Winter beendete. Die Frühlingsblumen, die das Ende des Winters anzeigten,

galten als besonders heilkräftig. Wer die ersten drei Blüten von Veilchen, Gänseblümchen, Schlüsselblume und anderen Frühlingsboten, die er fand, schluckte, würde das ganze Jahr von Fieber, Zahnschmerzen und anderen Beschwerden verschont bleiben.

Frühlingsbeginn

Der nächste markante Punkt im Jahreskreis ist die Frühjahrs-Tagundnachtgleiche. Grün ist die Farbe der Fruchtbarkeit und neun Pflanzen sind es, die im Neunkräutersegen genannt wurden. So suchten die Frauen die ersten grünen Kräuter. Die „grüne Neune" – Kräuter wie Brennnessel, Scharbockskraut, Gundelrebe, Brunnenkresse, Giersch und andere – wurden gesammelt und zu grünen Suppen verarbeitet, die Männern Neunmannsstärke vermitteln sollten.

Walpurgisnacht

Ehe die Sonnenstrahlen des ersten Maimorgens durch die Wolkendecke schauen, kommt davor eine ganz besondere Nacht, die Walpurgisnacht. Die letzte Nacht im April galt als Datum für die Versammlung aller Hexen, und die Anreise erfolgte per Flug auf einem Besen oder bei Flugangst auf einem Ziegenbock. Es ist die Nacht, in der sich die Hexen auf den Flug machten, um in der „Anderswelt" dem Teufel oder vielleicht den Pflanzengeistern begegnen zu können.
Viele Pflanzen gehören zum Walpurgisfest, vor allem solche wie der Bärlauch, der die bösen Hexen fernhalten soll. Und wird die Gundelrebe in der Walpurgisnacht gepflückt, als Kranz gebunden und am nächsten Tag aufgesetzt, so soll sie helfen, die Hexen zu erkennen.

Johannitag

Pflanzen, darunter auch viele Kräuter, die um Johanni, den am 24. Juni gefeierten Geburtstag Johannes des Täufers, blühen, genießen seit alters hohes Ansehen. Sie wurden nicht nur als besonders heilkräftig, sondern auch als Zauberkräuter betrachtet. Man umgürtete sich mit Beifuß und sprang über das Sonnwendfeuer, um sich vor Krankheiten und jeglichem Unheil zu schützen.
Schon am frühen Morgen des Johannitages sammelten junge Mädchen und Frauen bestimmte Kräuter, die sie zum Sonnwendstrauß zusammenbanden. Ein ähnlicher Kräuterstrauß wurde und wird noch immer zu Mariä Himmelfahrt zusammengestellt.

Herbstbeginn

Die Herbst-Tagundnachtgleiche wird auch heute noch mit Erntefesten gefeiert. Der 21. September ist der Matthäustag und in vielen Regionen mit besonderem Brauchtum verbunden. Die Mädchen flochten einen Kranz aus Strohblumen und einen anderen aus Stroh. Die Kränze wurden ins Wasser geworfen, und ohne hinzusehen, mussten die Mädchen nach ihnen greifen. Erwischten sie den grünen Kranz, gab's Glück und Hochzeit, während der Strohkranz Unglück und Krankheit bedeutete.

Allerheiligen und Allerseelen

Der letzte Kreuz-Viertel-Tag war das Totenfest Samhain, aus dem Allerheiligen und Allerseelen wurde. Bei den Kelten war es die Zeit, in der Samhain, der schwarze Gott, seine Herrschaft antrat. Samhain erlegt den Sonnenhirsch und raubt dessen Gattin, die Vegetationsgöttin, und verschleppt sie in sein unterirdisches Reich. Dort herrscht sie nun als Totengöttin und hütet die Seelen der Verstorbenen. Das Samhain-Fest symbolisierte den Beginn des dunklen Halbjahres. An diesem Tag, so glaubten die Kelten, sei die Grenze zwischen den Welten offen und die verstorbenen Ahnen konnten in dieser Nacht auf der Erde wandeln, um ihre Verwandten zu besuchen. Haselnüsse gehören zu den letzten Früchten, die geerntet werden. Der Haselstrauch galt seit jeher als Vermittler der Energien, die zwischen dem Jenseits und dem Diesseits fließen. Der graue, bittere Beifuß ist die letzte Heilpflanze, die gesammelt werden darf, und die Gans, die man zu dieser Zeit schlachtet, wird damit eingerieben.

Winterbeginn

Wenn die Sturmwinde in den Winternächten wüten und Nebelschwaden die Berggipfel verhüllen, jagt über den Himmel die Frau Percht mit ihrem unheimlichen Gefolge, das den Menschen Angst macht. Immergrüne Pflanzen, mit denen Haus und Hof geschmückt wurden, sollten helfen, sich gegen die wilde Jagd zu schützen. Der Bauer und Hausvater ging mit der Räucherpfanne, in der auf der Glut Wacholderbeeren und -zweige sowie andere Nadelhölzer würzigen Rauch verbreiteten, durch Stall und Haus, um alle die Bewohner vor den bösen Mächten zu schützen.
Die Wintersonnenwende ist die dunkelste Nacht des Jahres und die Germanen dachten, in dieser „Zeit zwischen den Zeiten", nämlich den zwölf Nächten zwischen Weihnachten und dem Dreikönigstag, stehe das Sonnenrad still.

(Foto: Nicram Sabod/shutterstock.com)

Die Johanniskräuter

Beim Johanniskräuterstrauß war in den meisten Überlieferungen die Rede davon, dass „neun Kräuter zu Johanni" zu einem Strauß gebunden werden sollten. Die als Johanniskräuter bezeichneten Pflanzen definierte man von Gegend zu Gegend verschieden, aber fast immer waren folgende Kräuter enthalten: Quendel, Bärlapp, Beifuß, Arnika, Eisenkraut, Schafgarbe, Ringelblume, Betonie, Königskerze und natürlich das Johanniskraut.

Das **Johanniskraut**

Kaum einer anderen Pflanze wurden von unseren Vorfahren so starke antidämonische und zauberabwehrende Kräfte zugeschrieben wie dem Johanniskraut (*Hypericum perforatum*) aus der Familie der Johanniskrautgewächse (Hypericaceae). Daher nannte man es auch respektvoll „Jageteufel" oder „Teufelsflucht". Den Namen „Hartheu" erhielt es dagegen vermutlich, weil seine festen Stängel ein hartes Heu liefern. Das Johanniskraut ist mit seinen strahlend gelben Blüten die Sonnenpflanze schlechthin und es wächst auch am liebsten dort, wo es die Sonnenkraft ungebremst aufnehmen kann. Deshalb sollte man ihm im Garten auch einen sonnigen Platz an Heckenrändern oder in der Wiese bieten.

Die Bezeichnung *Hypericum* kommt aus dem Griechischen und bedeutet „über (hyper) dem Bild (eikon)". *Hypericum* hilft, den menschlichen Geist über die krankhaften Einbildungen zu heben. „Phantasmata" nannte Paracelsus, dessen Lieblingspflanze das Johanniskraut war, diese bedrohlichen inneren Bilder und für ihn galt die Pflanze als „Arcanum, ein Universalmittel mit höchster Kraft". Das Johanniskraut, die Sonnenpflanze, bringt wahrlich Sonne und Licht in verzweifelte Herzen und wird auch von der Wissenschaft als Mittel gegen Depressionen empfohlen. Hält man ein Hartheublatt ins Gegenlicht, sind unzählige Punkte zu erkennen: Es sind winzige, mit Öl gefüllte Drüsenzellen. Der Sage nach sollen diese „Löcher" vom Teufel stammen, der aus Wut über die Macht, die das Kraut über ihn besaß, die Blätter mit Nadeln durchstochen haben soll. Auch der botanische Artname *perforatum*

*Johanniskraut (*Hypericum perforatum*)*
(Foto: emer/fotolia.com)

weist auf diese „Durchlöcherung" hin. Zerquetscht man die Blüten, tritt roter Saft aus. Daher empfahl man Johanniskraut bei allen Beschwerden, die mit Blut in Verbindung stehen.

Doch auch als Liebesorakel wurde es verwendet, und am Johannistag gesammelt, sollte es vor Gewittern schützen: „Hartenau und Dill macht's Gewitter still."

*Quendel (*Thymus serpyllum*)*
(Foto: Scisetti Alfio/fotolia.com)

Der **Quendel**

Der Quendel (*Thymus serpyllum*) aus der Familie der Lippenblütler (Lamiaceae) ist eine niedrig wachsende Thymianart, die auf sonnigen Wiesen und Böschungen bis hoch ins Gebirge vorkommt. Alte volkstümliche Namen deuten darauf hin, dass Quendel als Frauenpflanze betrachtet wurde. Bei den Germanen war er Freyja, der Göttin der Fruchtbarkeit, gewidmet. Er wurde „unser frawen bettstroe“ oder „Liebfrauenstroh“ genannt. Dass man ihn aber nicht nur im deutschen Sprachraum als Frauenkraut bezeichnete, geht aus dem alten englischen Bezeichnung „Our Ladies Bedstraw“ oder der dänischen Bezeichnung „Mariesengehalm“ hervor und bei den Slawen heißt er „Seelchen der Mutter“. Diese Namen erklären sich aus der Legende, dass sich Maria auf der Flucht nach Ägypten auf einem Bett voll Quendel ausgeruht haben soll.
Die am Johannistag gesammelten Pflanzen verwendeten Schwangere als Tee bei der Niederkunft. Zusammen mit anderen aromatischen Kräutern legte sie die Hebamme der Gebärenden ins Lager. Auch stillende Mütter schätzten Tee aus Quendel. Da ihm besonders starke zauberabwehrende Wirkung zugesprochen wurde, sollte er als „Bettstroh“ wohl auch Mutter und Kind schützen. Aber auch zu einem Kranz gebunden wurde er in Stall, Scheune und Wohnhaus aufgehängt, um vor Unheil und Blitz zu schützen.

Der **Bärlapp**

Der moosähnliche Bärlapp (*Lycopodium clavatum*) aus der Familie der Bärlappgewächse (Lycopodiaceae) war recht geheimnisumwittert und es ist nicht verwunderlich, dass ihm besondere Zauberkräfte zugeschrieben wurden. Die Bärlappgewächse bilden in der Abteilung der Farngewächse eine eigene Klasse. In den Winkeln der dachziegelartig angeordneten Blättchen sitzen Sporenbehälter. Diese enthalten Sporen, die sich als feiner, blassgelber Staub aus den Behältern schütteln lassen. Der ölige Sporenstaub, der viel Aluminium enthält, explodiert mit einem hellen Blitz und Knall, wenn er in die Flamme geworfen wird. Diesen dramatischen Effekt machten sich vermutlich schon steinzeitliche Zauberer zunutze. Im Volk wurde der Sporenstaub daher

Bärlapp (Lycopodium clavatum)
(Foto: Vidady/fotolia.com)

auch Blitzpulver oder Hexenmehl genannt.
Der Bärlapp wurde ebenfalls als wirkungsvolle, zauberabwehrende Pflanze betrachtet. Man nagelte ihn an Stalltüren, um bösen Geistern den Eintritt zu verwehren. Zu einem Kranz gewunden, wurde er als „Unruhe“ an die Decke von Schlafstuben gehängt. Stand dieser vom Luftzug sonst ständig bewegte Kranz still, meinte man, dass ein Unhold das Zimmer betrat. Die Hirten trugen Bärlapp am Hut, um sich gegen Zauber und Dämonen zu schützen. Namen wie Drudenkraut oder Düwelsrouken weisen auf den Glauben an die zauberabwehrende Wirkung hin.

Der **Beifuß**

Ein echtes Johanniskraut ist der Beifuß (*Artemisia vulgaris*) aus der Familie der Korbblütler (Asteraceae), jener Verwandte des Wermut (*Artemisia absinthium*), der fast überall an Wegrändern, Mauern und Hecken und, wenn man ihn wachsen lässt, in nahezu jedem Garten zu finden ist.
Beifuß war bei den Griechen Artemis, der Göttin der Wildnis und der Jagd, aber auch der Schutzgöttin der gebärenden Frauen, geweiht und war daher in der Antike ein gynäkologisches Zauberkraut. Die Germanen nannten den Beifuß Mugwurz, also „Machtwurz“. „Mugwort“ heißt er noch auf Englisch. „Mug“ stammt vermutlich vom Keltischen „miegle“, was wärmen bedeutet. Im archaischen Denken ist Wärme gleich Leben und Kraft und der Beifuß somit eine Kraft spendende Pflanze. Als wahres Johanniskraut, dachte man, müsste der Beifuß natürlich auch Dämonen vertreiben und Unheil abwehren. So wurden am Johannistag auch Kränze von Beifuß geflochten und im Stall oder Haus aufgehängt, um Böses fernzuhalten.

Beifuß (Artemisia vulgaris)
(Foto: wasanajai/shutterstock.com)

Betonie (Betonica officinalis)
(Foto: Robert Biedermann/shutterstock.com)

Die **Schafgarbe**

Die Schafgarbe (*Achillea millefolium*) aus der Familie der Korbblütler (Asteraceae) war ebenfalls Bestandteil des Sonnwendstraußes, weil sie zu dieser Zeit zu blühen beginnt. „Supercillium veneris", also „Augenbraue der Venus" war eines der Komplimente, das man der Pflanze im Mittelalter machte. „Schafgarbe am Leib tut wohl jedem Weib", war ein Merkspruch der Volksmedizin. Das kann auch die Wissenschaft bestätigen, Schafgarbentee hat tatsächlich eine günstige Wirkung auf Frauen, die aufgrund einer schwachen Beckenbodenmuskulatur unter Regelschmerzen leiden. Ihr botanischer Name *Achillea* nimmt Bezug auf die blutstillende Wirkung der Schafgarbe. Der Mythologie nach soll der griechische Held und Krieger Achilles von Aphrodite den Rat erhalten haben, die Wunde an seiner einzig verletzbaren Stelle, der Ferse, die durch einen Pfeil des Paris entstanden war, mit der blutstillenden Schafgarbe zu heilen.

Die **Betonie**

Die Betonie (*Betonica officinalis*) aus der Familie der Lippenblütler (Lamiaceae), eine heute kaum mehr bekannte Heilpflanze, die auf trockenen, sonnigen Wiesen wächst, galt einst praktisch als Allheilmittel. Als Pflanze des Sonnwendstraußes wurde die Betonie in erster Linie gegen das „Beschreien" verwendet: „Die beste Probe, ob ein Patient beschrien sey oder nicht, soo seyn, wenn man Zysche (Betonie) kochet und damit den Patienten badet, … so laufft es zusammen, wenn er beschrien ist", berichtet ein Kräuterbuch aus dem 18. Jahrhundert. Kinder und Haustiere, die als „verhext" galten, wurden in einem Absud von Betonie gebadet. Mit dem Badewasser wurde dann der böse Zauber weggeschüttet.

Schafgarbe (Achillea millefolium)
(Foto: Pixachi/shutterstock.com)

Die **Ringelblume**

Auch die Ringelblume (*Calendula officinalis*) aus der Familie der Korbblütler (Asteraceae) ist mit ihrer Sonnensignatur eine echte Sonnwendpflanze. Die goldgelbe Blume war einst der Liebesgöttin Freyja geweiht und wurde im Mittelalter „Sonnenkraut“ genannt, was sich darauf bezieht, dass ihre Blüten sich früh am Morgen öffnen und abends schließen, sich also nach der Sonne richten. Im bäuerlichen Brauchtum war sie als Wetteranzeiger wichtig: Wenn sich die Blüten bis acht Uhr morgens nicht geöffnet hatten, konnte man am selben Tag mit Regen rechnen. Als Liebeszauberpflanze spielte sie ebenfalls eine Rolle.

Ringelblume (Calendula officinalis)
(Foto: Imageman/shutterstock.com)

Das **Eisenkraut**

Das Eisenkraut (*Verbena officinalis*) aus der Familie der Eisenkrautgewächse (Verbenaceae) ist ein Zauberkraut mit uralter Tradition. Wie Arnika wurde es auch um das Feld gesteckt, um Unwetter vorzubeugen. Es war nämlich Donar, dem Hammergott, geweiht, der Blitz und Donner beherrscht und die Erde mit fruchtbarem Regen tränkt. Als Kraut im Sonnwendstrauß sollte es vor allem zu guter Ernte und Reichtum verhelfen.

Um Kraft zu verleihen, gab man das Eisenkraut Wöchnerinnen, die ja in ganz besonderem Maß dem Angriff böser Geister ausgesetzt sind, um sie und ihr neugeborenes Kind zu schützen.

Eisenkraut (Verbena officinalis)
(Foto: InTune/shutterstock.com)

Die **Arnika**

Zu den Pflanzen, die im Sonnwendbrauch eine große Rolle spielen, zählt auch die Arnika (*Arnica montana*) aus der Familie der Korbblütler (Asteraceae), die auf Moorwiesen und Heiden vorzugsweise im Alpenland verbreitet ist. Gerade im Johanni-Monat steht der „Bergwohlverleih“ in schönster Blüte und hat, dann gesammelt, seine größte Zauber- und Heilkraft.

Wolfsgele hieß diese Pflanze im 11. Jahrhundert, vielleicht, weil ihre gelben Blüten wie gelbe Wolfsaugen aussehen, aus denen die Bergsonne blitzt. Daraus wurde Wolferlei und schließlich Wohlverleih. Schon im Mittelalter vermutlich war die Blume eine wohlbekannte Heilpflanze, von der es hieß, dass sie „vom gemeinen Volk gebraucht, so hoch jemand hinuntergefallen oder sich sonst mit Arbeit verletzt habe, nehme eine Handvoll, siede’s in Bier und trinke des morgens davon“. Diese Verwendung trug der Pflanze einen weiteren Namen ein, nämlich „Fallkraut“.

Arnika (Arnica montana)
(Foto: Scisetti Alfio/shutterstock.com)

(Foto: Scisetti Alfio/fotolia.com)

Die Frauendreißiger

Wie das Johannisfest als Fruchtbarkeitskult sicher bereits seit germanischen Zeiten bestanden hat, darf man annehmen, dass auch das Fest Mariä Himmelfahrt am 15. August ursprünglich ein reines Naturfest darstellte. Die zahllosen Formen üblicher Kräuterweihen an diesem Tag gaben dem Fest früh solche Namen wie „Unser Frau Würzweih" oder „Büschelfrauentag".

Frauendreißiger nannte man einst die Tage von Mariä Himmelfahrt, dem Großen Frauentag am 15. August, bis Mariä Geburt, dem Kleinen Frauentag am 8. September. Das sind zwar nur 25 Tage – wenn man aber noch die Zeit bis Mariä Sieben Schmerzen am 15. September dazunimmt, wird's irgendwie rund. Die Frauendreißiger galten als eine Zeit, in der die Natur den Menschen besonders freundlich gesonnen ist. Wenn Kräuter in dieser Zeit gesammelt werden, haben sie dreißigfachen Segen!

Die Zusammensetzung des Kräutersträußes war von Landschaft zu Landschaft und von Ort zu Ort unterschiedlich. Neun verschiedene Kräuter sollte er enthalten, dann heißt es wiederum, es seien nur sieben Pflanzen zu sammeln, ein andermal wieder 33, ja sogar 77 oder 99.

Meist bestand der Strauß aus einer Mischung von Wildkräutern und Gartenblumen, Heilkräuter durften natürlich auch nicht fehlen. Immer aber war in der Mitte des Kräuterstraußes die Königskerze, die im Volksglauben eine besondere Rolle spielt: „Unsere liebe Frau geht übers Land, sie trägt den Himmelsbrand in der Hand." Himmelsbrand wohl deshalb, weil die Königskerze auch als Fackel verwendet wurde.

Die **Königskerze**

Einer Legende nach erhielt die beeindruckende Königskerze (*Verbascum densiflorum*) aus der Familie der Braunwurzgewächse (Scrophulariaceae) ihren Namen folgendermaßen: Ein englischer König besuchte mit seinem kleinen Sohn die Ewige Stadt Rom. In den Katakomben verließ sie der treulose Führer. In der Dunkelheit konnten sie den Ausgang nicht finden und drohten zu verhungern. Doch plötzlich ging von der Blume, die der Sohn am Eingang gepflückt hatte, ein Leuchten wie von einer Kerze aus. Sie waren gerettet und die Pflanze wurde die Königskerze.

BRAUCHTUM **UND ZAUBER**

Wer so viel Licht verbreitet, ist als Zauberpflanze prädestiniert. Als Amulett am Körper getragen, soll die „Unholdenkerze" bösen Zauber abwehren und vor Krankheiten schützen. Doch die Königskerze ist auch ohne Zauber heilkräftig. Hildegard von Bingen nannte sie „Wullena" nach den wollig behaarten Blättern und empfahl sie bei Heiserkeit und Brustschmerzen, aber vor allem denen, die „ein schwaches und trauriges Herz haben".

Der Name „Unholdenkerze" deutet darauf hin, dass dieses Kraut besonders gegen Mäuse wirksam sein soll, weshalb die Bauern es als Schutzwall rund ums Getreide auflegten. Als Orakelpflanze half sie, das Wetter vorherzusagen – neigte sich die Spitze der hohen Pflanze nach Westen, stand schlechtes Wetter bevor, nach Osten gewandt, verhieß sie Sonnenschein.

Königskerze (Verbascum densiflorum)
(Foto: catherinka/shutterstock.com)

Immergrüne Pflanzen

Tanne (Abies alba)
(Foto: creative soul/shutterstock.com)

Die **Tanne**

Im Weihnachtsbrauchtum dient die Tanne (*Abies alba*) aus der Familie der Kieferngewächse (Pinaceae) seit einigen Jahrhunderten als zauberabweisendes Grün, das, mit Zweigen über Fenster und Türen gehängt, vor den dunklen Mächten schützen sollte. Der Christbaum ist dagegen ein eher neuzeitlicher Brauch. Die Tannen zählen zu den höchsten Bäumen Europas; bis zu 50 Meter ragen sie wie ein schamanischer Weltenbaum in den Himmel. Solche Bäume machen die Baumverehrung unserer Ahnen verständlich.
Als Arznei gebraucht man nicht nur den Wipferlsirup, sondern vor allem Salben aus dem Harz, das den Baum vor Wunden schützen soll und dem Menschen Heilung bei Wunden bringt.

Der **Buchsbaum**

Der Buchsbaum *(Buxus sempervirens*) aus der Familie der Buchsbaumgewächse (Buxaceae) liefert biegsame immergrüne Zweige, die gerne zu Kränzen gebunden werden, wobei der Kranz an sich schon die Ewigkeit symbolisiert, denn er hat ja bekanntlich kein Ende. Der Buchs begegnet uns bei vielen Häusern vor der Eingangstür. Angeblich fallen die Hexen in Zählzwang beim Anblick der vielen Blätter des Buchses, und so haben sie keine Zeit, Böses anzustellen. „Wie der Hahn den Aufgang der Sonne verkündet, so vertreibt der Buchs die Kräfte der Finsternis", schrieb Hieronymus Bock 1577. Deshalb sind Buchszweige auch Bestandteil des Palmbuschens als Fruchtbarkeitssymbol.

Die **Stechpalme**

Die Druiden verehrten die Stechpalme (*Ilex aquifolium*) aus der Familie der Stechpalmengewächse (Aquifoliaceae) als heiligen Baum. Sie schnitten die Zweige mit den stacheligen Blättern als Lebensruten, deren rote Beeren die weibliche Lebensenergie verkörpern sollten. Im Wintersonnenritual waren die Zweige gemeinsam mit der Mistel der Garant für das neu erblühende Leben im Frühling, und so verwenden wir die beiden auch heute noch. Bei uns findet man die Stechpalme wild wachsend in Vorarlberg und Ober- und Niederösterreich. Dort wird sie Schradlbaum genannt, weil sie die Schradln, die Nachtgeister, abhalten kann.
In der Bachblütentherapie hilft die Essenz, die „Stacheln einzuziehen" und alles zu verzeihen.

(Foto: Hector Ruiz Villach/shutterstock.com)

Wie man kräuterkundig wird

In Gesellschaften, in denen noch nicht materialistisch geprägtes westliches Denken vorherrscht, kann man auch heute noch Menschen mit besonderen Fähigkeiten finden, Menschen, die zaubern und heilen können, und Menschen, die einen intuitiven Zugang zu Pflanzen und Pflanzengeistern haben. In unserem Kulturkreis ist dieser Zugang zu den Kräutern vielfach verloren gegangen. Doch Kräuterkurse erfreuen sich neuerdings größter Beliebtheit.

(Foto: lightpoet/shutterstock.com)

Kräuterweibl und Wurzelsepp

Wahrhaft kräuterkundig zu werden heißt mehr, als sich botanische und pharmakologische Kenntnisse zu erarbeiten. Kräuterkundig zu werden heißt, auch die verborgenen Eigenschaften der Pflanzen zu erkennen und in Bezug zum Menschen zu bringen. Früher war das einfach – es gab in jedem Dorf ein Kräuterweibl oder einen Wurzelsepp, die genau wussten, welches Kräutlein gegen welche Krankheit gewachsen war.

Kenntnis der Pflanzen

Man kann sich jedoch bestimmte Voraussetzungen zum besseren Pflanzenverständnis selbst erarbeiten. Es kann nur jedem, der sich mit Pflanzen beschäftigen will, geraten werden, sich Kenntnisse zur botanischen Zuordnung und zu den Pflanzenfamilien anzueignen. Man muss dazu nicht unbedingt Botanik studieren. Oft werden botanische Wanderungen angeboten, und auch gute Bestimmungsbücher können weiterhelfen.
Um Pflanzen zu begreifen, ist es auch wichtig, sie sinnlich zu erfassen, sie anzuschauen, zu befühlen, zu riechen und zu zerpflücken. Das Verkosten ist nur bei eindeutiger botanischer Zuordnung zu empfehlen und sollte schon beim kleinsten Zweifel tabu sein. Auf jeden Fall sollte man die wichtigsten Giftpflanzen kennen.
Eine der besten Möglichkeiten, mit Pflanzen vertraut zu sein, ist, sie selber anzubauen. So kann man beobachten, wie und unter welchen Verhältnissen sie keimen und wachsen, blühen und welken.
Einen besonderen Zugang zu Pflanzen vermitteln uns Mythen, Sagen, Legenden und Märchen. Solch uralte Geschichten erweisen sich oft als Schlüssel zu den tiefer verborgenen Eigenschaften und Kräften der Pflanzen.

Zauberhafte Ratschläge zum Kräutersammeln

*„Ein jegliches hat seine Zeit,
und alles Vornehmen unter dem
Himmel hat seine Stunde."*

Das war ein Spruch des weisen Königs Salomo. Dieses Bewusstsein, dass jede Zeit, jeder Tag und sogar jede Stunde eine eigene Qualität hat, ist heutzutage fast völlig verloren gegangen. Die rationale Phytotherapie sieht Heilpflanzen lediglich als eine Ansammlung diverser Inhaltsstoffe und empfiehlt, Kräuter zu sammeln, wenn sie den höchsten Wirkstoffgehalt haben. Ätherische Öle beispielsweise, also jene Substanzen, die unsere Pflanzen duften lassen, sind gewissermaßen der Schutz der Pflanze gegen intensive Sonneneinstrahlung. Also erntet man Kräuter, deren Hauptinhaltsstoffe diese ätherischen Öle sind, um die Mittagszeit an strahlend sonnigen Tagen, es sollte am besten einige Tage vorher nicht geregnet haben, damit nur ja nichts von den kostbaren Wirkstoffen in den Boden gelangen kann.
Früher war das ganz anders. Man unterschied ja nicht konkret zwischen Heil- oder Zauberpflanzen, jede Heilung hatte auch übernatürlichen Charakter. Da war es wesentlich, die Qualität einer Pflanze zu heilenden oder magischen Zwecken dadurch zu verstärken, dass man zur richtigen Zeit am richtigen Ort und mit den richtigen Sammelritualen die Pflanzen erntete. Der Pflanzensammler musste sich vorübergehend von der oberflächlichen, geschäftigen Welt abkoppeln und „tief in den Wald" gehen, um die „richtigen" Pflanzen zu finden.

„Unbeschrien" und nackt

Zur Magie des Kräutersammelns gehört auch die Nacktheit. Das Sammeln von heil- oder zauberkräftigen Kräutern ist eine rituelle Handlung, die auch das Ablösen vom Gewöhnlichen und Unreinen des täglichen Lebens miteinschließt. Mit der Nacktheit streift man die irdische Hülle ab. Innerlich gereinigt, nackt und unschuldig wie ein Neugeborenes sollte der Pflanzensammler sein. Wenn nicht in sakraler Nacktheit, ging man früher zumindest barfuß oder mit ungekämmtem, aufgelöstem Haar. Das Sammeln musste außerdem „unbeschrien" geschehen, das heißt, man durfte von niemandem gesehen werden.
Bestimmte Pflanzen sollte außerdem nicht mit der bloßen Hand ausgegraben werden. Einzige Ausnahme: die

(Foto: Gyorgy Kotorman/shutterstock.com)

Pflanzen des „Kräuterbuschens", der zu Mariä Himmelfahrt geweiht wird. Wichtig ist auch, dass die Pflanzen mit der linken Hand, der „zum Herzen stehenden", gebrochen werden.

Die richtige Zeit

Um Heilpflanzen Zauberkräfte zu verleihen, ist es wichtig, den richtigen Zeitpunkt zu wählen. Heute wird solcherlei oft als „Aberglauben" belächelt, obwohl es in der Biologie Erfahrungswerte gibt, die einen Bezug zwischen Erntezeitpunkt und Wirksamkeit einer Pflanze nahelegen. Heilkräuter werden allgemein in den frühen Morgenstunden gesammelt, denn die Grauzone „zwischen Nacht und Tag" ist die beste Zeit, Leben bringende Kräuter zu pflücken. Zauberkräuter werden dagegen am besten am Abend gepflückt, wenn die Fledermäuse ausschwärmen und die Sonne blutrot in die Tiefe der Nacht versinkt. Auch Wurzeln gräbt man in den Abendstunden, nachdem die tagsüber eingesogenen Kräfte in den Wurzeln gespeichert sind. Nur wenige Zauberpflanzen, wie die Nachtschattengewächse, werden vornehmlich in den dunklen Nachtstunden geholt.

Ernte nach dem Mond

Der Vollmond wurde früher keineswegs als günstig zum Sammeln betrachtet, wie das heutzutage in vielen „Mondbüchern" nachzulesen ist. Das Mondlicht nimmt den Pflanzen jegliche Kraft, sie brauchen viel Sonne und wenig Mond. Kurz nach Neumond, wenn die Mondsichel noch ganz klein ist, wurden die Kräuter geschnitten. Und es gilt immer noch, dass man bei zunehmendem Mond oberirdische Pflanzenteile sammelt und bei abnehmendem Mond die Wurzeln. Genauso wichtig ist der Mondstand. Wenn der Mond absteigend ist, wenn er vom Sternzeichen Zwilling zum Schützen geht, gräbt man Wurzeln und Knollen. Wenn er aufsteigend ist, das heißt vom Schützen wieder zum Zwilling wandert, erntet man Blätter und Blüten.

- Nachtschattengewächse sind Mondpflanzen. Bilsenkraut und Co. erntet man daher am Montag und natürlich in den Nachtstunden, Mohn, Holunderblüten und Mädesüß eher am Vormittag.
- Die Brennnessel als brennende Marspflanze erntet man am Dienstag, ebenso wie die Meisterwurz.
- Doldenblütler wie Fenchel, Kerbel und auch Lavendel als Merkurpflanzen werden am Mittwoch am frühen Vormittag geerntet.
- Der Donnerstag ist dem Göttervater Jupiter geweiht und seine Pflanzen sind Odermennig und Löwenzahn.
- Der Freitag ist der germanischen Liebesgöttin Freya geweiht und da erntet man Frauenmantel und Melisse.
- Und am Samstag, dem Tag des Hüters der Schwelle, Saturn, erntet man seine bittere Pflanze Wermut und den Schachtelhalm.
- Der Sonntag ist der Tag der Sonne und sollte besser für Spaziergänge genutzt werden.

„Sprechende“ Blumen und Liebeskräuter

Zu allen Zeiten suchte der Mensch nach Mitteln und Wegen, das Liebesgefühl des Partners zu wecken und zu erhalten, denn was wäre der Mensch ohne die Liebe? Auch mit Zauber und Magie glaubte man, das Ziel seiner Wünsche zu erreichen. Könnte man nicht auch in der heutigen Zeit den Zauber, den die Pflanzen auf den Menschen ausüben, wieder dazu nutzen, durch die Symbolkraft der Blumen Gefühle auszudrücken, für die man sich vielleicht scheut, die richtigen Worte zu finden?

Blumensprache

Die Liebe spielt im Leben des Menschen eine zentrale Rolle. Sie schafft die Voraussetzungen für ein gutes Zusammenleben von Mann und Frau und macht Lust auf den Akt der Fortpflanzung. Man könnte sagen, ohne Liebe gäbe es vielleicht keine Menschen. Daher suchte der Mensch zu allen Zeiten nach Mitteln und Wegen, das Liebesgefühl des Partners zu wecken und zu erhalten. Dabei bediente er sich der Gaben der Natur, aber um das Ziel seiner Wünsche zu erreichen, versuchte er es auch mit Zauber und Magie. Pflanzen, denen man magische Kräfte zuschrieb, standen daher oft im Mittelpunkt solcher Praktiken.
Wenn im Mittelalter ein Ritter seine Dame „meine Rose“ nannte, wollte er damit ausdrücken, dass sie für ihn eine Freude für Augen und Herz war und eine duftende Göttin der Liebe. Die Rose war das Symbol für Liebe, Schönheit und Perfektion, das klassische Sinnbild einer Venuspflanze.
Könnte man nicht auch in der heutigen Zeit den Zauber, den die Pflanzen auf den Menschen ausüben, wieder dazu nutzen, durch die Symbolkraft der Blumen Gefühle auszudrücken, für die man sich vielleicht scheut, die richtigen Worte zu finden? Viele Erzählungen, die von der Entstehung von Pflanzen berichten, sind Liebesgeschichten. Antike Sagen sind da wahre Fundgruben. Einige Blumen sollen aus den Blutstropfen oder Tränen unglücklich Liebender entstanden sein oder aus schönen Mädchen, die vor liebeskranken Verehrern flohen, die ihnen nachstellten.

Sag es durch die Blume

Eigentlich ist die Blumensprache ganz einfach: Sie ist die in Worte umgesetzte Signatur der Pflanzen.
Die Verwendung der symbolischen Sprache von Blumen, eben der „Blumensprache“, war eine verbreitete Form der Kommunikation in China und Indien. Eine ausführliche Blumensprache entstand in den Serails des Vorderen Orients, zum Austausch von stummen Botschaften verbotener Liebe.
Eine abenteuerlustige englische Schriftstellerin, Lady Mary Wortley Montagu, konnte bei ihren Reisen im 18. Jahrhundert einige Geheimnisse dieser Blumensprache erforschen. Durch ihre Schriften wurde sie auch in England bekannt. So wurde diese Form der Kommunikation im viktorianischen England sehr populär, denn sie erlaubte

es, trotz der vornehmen Zurückhaltung, die im Umgang von Mann und Frau verlangt wurde, seine Gefühle auszudrücken.
Leider ist uns die Kenntnis der Blumensprache beinahe verloren gegangen. Aber auch heute noch spricht man „durch die Blume", wenn man etwas indirekt klarmachen will. Es wäre also durchaus wünschenswert, diese zauberhafte Variante der Übermittlung symbolischer Botschaften wieder aufleben zu lassen.

Was Blumen sagen

Dahlie: *Ein Blick deiner Augen versengt mich.*
Eisenhut: *Gefahr*
Goldlack: *Treue in schwierigen Zeiten*
Kamelie: *perfekte Schönheit*
Levkojen: *Bescheidenheit*
Lila Flieder: *erste Liebe*
Lilie: *Unschuld*
Maiglöckchen: *Das Glück kommt wieder.*
Narzisse: *Hochachtung*
Rittersporn: *Hochmut*
Rose, gelb: *verlöschende Liebe*
Rose ohne Dornen: *Ich kann dir nicht widerstehen.*
Rose, rot: *Ich liebe dich.*
Rose, wilde: *Ich verschmähe dich.*
Tulpe: *Ruhm*
Veilchen: *Treue*

Lilie (Lilium *spec.)*
(Foto: artpritsadee/shutterstock.com)

*Jungfer im Grünen (*Nigella damascena*)*
(Foto: martymoore/fotolia.com)

Die Blumennamen

Bei vielen Blumen erzählt uns schon ihr Name, welchen Zauber diese Pflanzen auf Menschen ausüben. Der Name des Vergissmeinnicht – seit Langem ein Sinnbild der Liebe und der Erinnerung – geht auf eine Sage von einem Ritter und seiner Angebeteten zurück, die am Ufer eines Flusses spazieren gingen. Das Fräulein erblickte auf der anderen Seite des Flusses himmelblaue Blüten. Als der Ritter ihr diese Blumen bringen wollte, glitt er aus und wurde von einer Woge des Flusses mitgerissen. Er warf dem Fräulein das Sträußchen zu und konnte gerade noch rufen: „Vergiss mein nicht“. In der englischen Sprache heißt es „forget-me-not“, französisch „ne m’oubliez pas“, schwedisch „forget-migej“, italienisch „nontiscordardimè“, chinesisch „Wu WangCao“, gleichbedeutend mit „Nicht-Vergessen-Kraut“, und japanisch „Wasurena Gusa“, was ebenfalls Vergissmeinnicht bedeutet.
Es gibt eine große Anzahl von Blumen, deren liebliche Namen zeigen, dass sie mit Liebe in Verbindung gebracht wurden. Solche Namen findet man in allen Sprachen.
Viele Beispiele für zauberhafte Pflanzennamen findet man im Englischen. Fuchsschwanz sagt man bei uns zum *Amaranthus caudatus*. Die Engländer nennen ihn „love-lies-bleeding“, und wenn man den blutroten, hängenden Blütenstand betrachtet, wird man mit etwas Fantasie an ein aus Liebe blutendes Herz erinnert. Die Jungfer im Grünen (Nigella damascena) wird „love-in-a-mist“ genannt, was wörtlich Liebe im Nebel bedeutet und vermutlich verschleierte Liebe ausdrücken soll. Heiterer dagegen ist der Name, den Shakespeare dem Stiefmütterchen im Sommernachtstraum gab, nämlich „love-in-idleness“, was so viel wie Muße zur Liebe bedeutet. Im englischen Volksmund wurde es zu „kiss-me“ oder „cuddle-me“, hätschel mich, knutsch mich; romantische Pflanzennamen für zauberhafte Pflanzen.

Symbolsprache der Kräuter

Basilikum: *gute Wünsche*
Beifuß: *Ausdauer*
Efeu: *eheliche Treue*
Frauenmantel: *Schutz*
Kerbel: *Aufrichtigkeit*
Lavendel: *Glück*
Lorbeer: *ewige Liebe*
Minze: *Tugend, Reinheit*
Myrte: *Liebe*
Rosmarin: *Erinnerung*
Salbei: *Häuslichkeit, Gesundheit*
Thymian: *Mut*

Die **Rose**

Die Rose (*Rosa* subsp.) aus der Familie der Rosengewächse (Rosaceae) war schon immer das Symbol der Schönheit und Liebe. Bei den Ägyptern galt sie als Sinnbild der Vollkommenheit und viele Legenden ranken sich um ihre Herkunft. Fast immer bringen die Mythen vieler Völker sie in Zusammenhang mit Göttinnen der Liebe und Fruchtbarkeit. Vor allem war die Rose die Venuspflanze schlechthin.
Im antiken Rom wurde sie aber auch zum Sinnbild von Laster und Ausschweifung, da ein regelrechter Kult mit ihr bei Festen und Gelagen getrieben wurde. Die frühen Christen mussten zwangsläufig das Symbol „Rose“ entweder verstoßen oder verwandeln. Mit dem Tod in Verbindung gebracht wurde die Rose auch bei den Germanen. Die wilde Rose war der Hagedorn. Der germanische Urwald war sicher ein Gewirr von Stacheln und Dornen – es ist also nicht erstaunlich, wenn der Anblick der Stacheln den der Blumen überdeckte. Die Heckenrose hatte daher nichts mit Liebe zu tun, sondern mit Blut und Kampf. Die Rosengärten Laurins sind die Schlachtfelder, auf denen die gefallenen Kämpfer begraben wurden.
Doch auch als Liebesorakel spielte die Rose eine wichtige Rolle. Blühten nämlich gleich drei Rosen an einem Stiel, stand eine Hochzeit bevor. Warf ein Mädchen Rosenblüten in einen Bach und schwammen zwei Blätter aufeinander zu, so war ein Bräutigam in Aussicht. Bei der Taufe überreichten die Paten einen Strauß mit Rosenknospen. Je länger diese frisch blieben, desto älter würde das Kind werden. Das erste Badewasser eines Säuglings schüttete die Hebamme unter einen Rosenstrauch, das sollte schöne rote Wangen geben.

*Rose (*Rosa spec.*)*
(Foto: Böswirth & Thinschmidt)

(Foto: christinemg/shutterstock.com)

Heilwirkung

Als Heilmittel wurde die Rose seit dem klassischen Altertum geschätzt. In den alten Kräuterbüchern sind den Rosen viele Textseiten gewidmet und es wird ihre stärkende und kühlende Wirkung gelobt.

„Die Rosenknospe erinnert an die menschliche Hirnschale mit ihren Fugen und Nähten“, heißt es in einer Signaturlehre. Daher empfiehlt ein Kräuterkundiger Rosen gegen Kopfschmerzen, „man nehme rothe Rosenblätter und ein wenig Weizenmehl, mit Essig untereinander gemischt, … bis es pflasterdick wird, danach auf leinen Tuch … über die Schläfe gelegt“.

Was ist eine Rose?

Die Gattung *Rosa* lieh ihren Namen von der Pflanzenfamilie der Rosengewächse (Rosaceae). Zu ihnen zählen Pflanzen wie der Frauenmantel oder das Mädesüß, aber auch die Erdbeeren, Himbeeren und vor allem die meisten unserer Obstgehölze wie Äpfel, Kirschen, Pflaumen oder Pfirsiche. Man merkt, dass darunter viele Venuspflanzen enthalten sind.

Die Rosengewächse haben mit wenigen Ausnahmen einen fünfzähligen Blütenaufbau, was man besonders bei den Wildrosen schön beobachten kann. Die Redensart „Keine Rose ohne Dornen“ lässt Botaniker aufseufzen, die Rose trägt nämlich keine Dornen, sondern Stacheln. Dornen wachsen wie bei der Schlehe aus dem Holz, Stacheln sind dagegen Organe der Rinde. Die Botaniker mögen recht haben, aber sollen wir nun auch das Dornröschen umbenennen? Übrigens gibt es keine Regel ohne Ausnahmen: Die alpine Wildrose *Rosa pendulina* ist stachellos. Vermutlich waren es die Perser, für die das Wort „Rose“ gleichbedeutend mit Blume war, die vor 4 000 Jahren begannen, Rosen zu veredeln. Heute gibt es sehr viele verschiedene Rosensorten. Sicher ist, dass durch dieses große Angebot sich für jeden Standort die passenden Rosen finden lassen. Besonders verführerisch ist der nostalgische Charme historischer Rosen, deren „Fehler“, nur einmal zu blühen, von englischen Rosenzüchtern weggezüchtet werden konnte.

Standort und Ansprüche

Rosen lieben einen freien, nicht gerade windigen, aber gut belüfteten Standort. Sie wollen viel Licht, was nicht immer viel Sonne heißen muss, daher eignen sich auch Ost- und Westlagen gut für Rosen. Der beste Rosenboden ist tiefgründig und humos, er lässt Regenwasser schnell ablaufen. Die Rose ist kein Starkzehrer, Düngen mit reifem Kompost und zeitweilige Gaben von Hornmehl sind ausreichend für herrlichen Blütenflor.

Zauberhafte Gartenbeete – Romantische Blumenrabatte

Brennende Liebe (*Lychnis chalcedonica*) nennt man eine Pflanze aufgrund ihrer leuchtend roten Blüten, mit einem Tränenden Herz (*Lamprocapnos spectabilis*) könnte eine Frau ihren Mann daran erinnern, dass ihr Herz ähnlich am Verbluten ist wie beim Amaranth (*Amaranthus caudatus*). Das Vergissmeinnicht soll das Gedächtnis der Männer stärken und als Symbol des Bleibens darf auch der Mannstreu (*Eryngium amethystinum*) nicht fehlen. Zu seinem Namen kam der distelähnliche Doldenblütler angeblich daher, weil seine kugeligen Samenstände im Spätherbst vom Wind über die Flächen gewirbelt werden, bis sie an einem Strauch hängen bleiben. Dort können die Samen ausfallen und keimen. So bleibt der Mannstreu diesem Standort treu, und das erhofft man sich schließlich auch von den Männern.

Ganz reizende Namen haben auch Mädchenauge (*Coreopsis*), Sonnenbraut (*Helenium*) und Sonnenauge (*Heliopsis*). Diese wunderschön sonnenhaft blinkenden „Mädchen" kann man mit treuen Rittern wie Rittersporn (*Delphinium*) und Eisenhut (*Aconitum*) in einem Beet kombinieren.

Romantische Blumenrabatte

Nr.	Pflanze	Stückzahl
1	*Delphinium* Belladonna-Hybride 'Piccolo'	2
2	*Delphinium* Elatum-Hybride 'Augenweide'	1
3	*Delphinium* Elatum-Hybride 'Berghimmel'	1
4	*Delphinium* Pacific-Hybride 'Summer Skies'	1
5	*Aconitum napellus*	1
6	*Aconitum* x *cammarum* 'Bicolor'	1
7	*Heliopsis helianthoides* var. *scabra* 'Spitzentänzerin'	3
8	*Heliopsis helianthoides* var. *scabra* 'Pitscheriana'	3
9	*Eryngium planum* 'Azureum'	6
10	*Helenium*-Hybride 'Biedermeier'	3
11	*Helenium*-Hybride 'The Bishop'	3
12	*Coreopsis lanceolata* 'Flying Saucers'	6
13	*Coreopsis verticillata* 'Moonbeam'	3
14	*Lychnis chalcedonica*	6
15	*Amaranthus caudatus*	4
16	*Nigella damascena*	15
17	*Myosotis sylvestris*	10
18	*Viola tricolor*	20
19	*Impatiens balsamina*	5
20	*Dicentra spectabilis*	2
21	*Brunnera macrophylla*	6
22	*Omphalodes verna*	8

1
5
3
2
4
6
1
7
9
8
9
9
10
11
14
14
20
12
15
13
15
12
20
15
22
15
22
21
22
16
16
16
22
21
17
16
17
19
19
19
19
19
17
17
17
18
18
18
18
18
18
18
18
18
18

Zauberhafte Gartenbeete – Elfenbeet

In einem Garten, der bezaubern und zur Liebe verführen soll, darf ein Beet für Feen und Elfen nicht fehlen. Es war wohl ihre Intuition, die unseren Altvorderen sagte, welche Pflanzen diese magischen Wesen zum Bleiben einluden.

Der englische Name „foxglove", Fuchshandschuh, für den roten Fingerhut (*Digitalis purpurea*) bedeutete ursprünglich „folksglove" oder Handschuh des guten Volkes. Gemeint waren die Elfen, deren bevorzugter Aufenthaltsort dort vermutet wurde, wo auch der Fingerhut am liebsten wächst.

Die Elfenblumen (*Epimedium*) wachsen am liebsten im lichten Gehölz, wo sich der Tau lange hält, und decken mit herzförmigen Blättern auch große Flächen zu. So können sie dort ein ganzes Feenreich erobern.

Elfenblumen erfreuen uns mit zarten Blüten in verschiedenen Farben und einige, wie *Epimedium* x *versicolor* oder *Epimedium* x *rubrum,* mit rötlichen, durchscheinenden Mustern auf den Blättern. Diese bilden durch ihre Ausläufer größere Horste, während *Epimedium grandiflorum* und *Epimedium youngianum* zu kleineren Horsten wachsen.

Im Schatten fühlt sich auch eine andere Blume wohl, der man eine Verbindung zum Feenreich nachsagt, die Akelei (*Aquilegia*), die auch Elfenhandschuh genannt wurde. Sie trägt ihre Blütenglocken an langen Stielen, die Zauberwesen mit ihrem für uns unhörbaren Läuten begrüßen.

Elfenbeet

Nr.	Pflanze	Stückzahl
1	Strauchrosen 'Schneewittchen'	3
2	Strauchrosen 'Elysium'	2
3	Bodendeckerrose 'The Fairy'	4
4	*Digitalis purpurea* 'Apricot'	3
5	*Digitalis purpurea* 'Alba'	3
6	*Digitalis purpurea* 'Gloxiniaeflora'	3
7	*Aquilegia caerulea*	4
8	*Aquilegia flabellata* 'Nana Alba'	4
9	*Aquilegia vulgaris* 'Nora Barlow'	3
10	*Aquilegia vulgaris* 'Woodside'	3
11	*Epimedium grandiflorum* 'Elfenkönigin'	6
12	*Epimedium grandiflorum* 'Lilafee'	3
13	*Epimedium x rubrum*	6
14	*Epimedium x versicolor* 'Sulphureum'	3
15	*Epimedium youngianum* 'Niveum'	3
16	*Epimedium youngianum* 'Roseum'	4
17	*Nemesia strumosa*	14
18	*Anemone sylvestris*	6
19	*Dryopteris filix-mas*	2

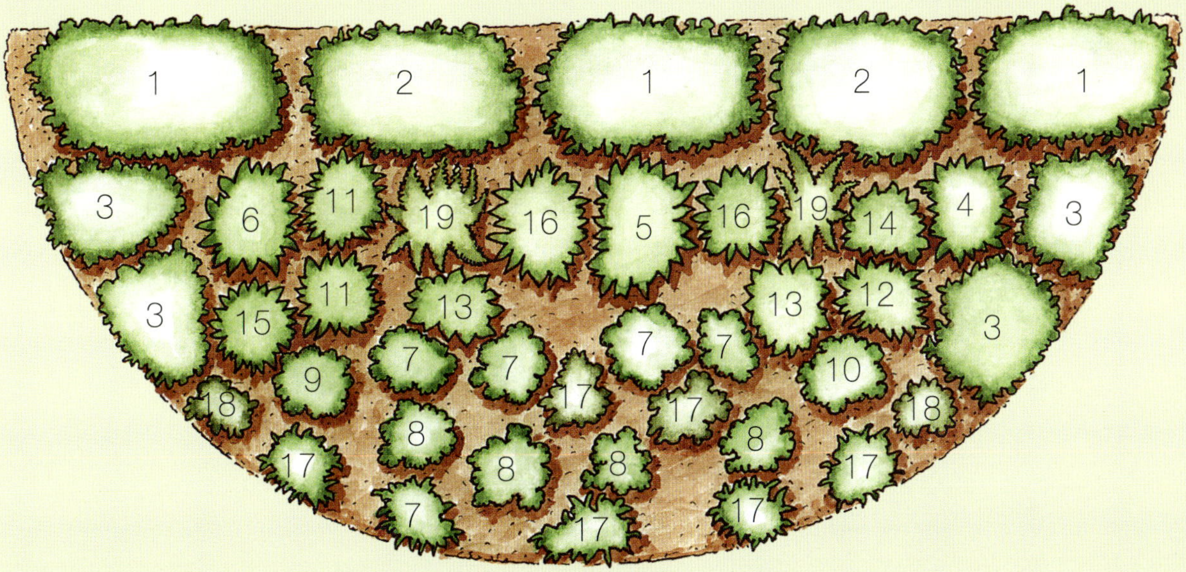
1
2
1
2
1
3
6
11
19
16
5
16
19
14
4
3
3
15
11
13
13
12
3
9
7
7
7
7
10
18
17
17
18
17
8
8
8
8
17
7
17
17

Zauberhafte Gartenbeete – König Artus' Tafelrunde

*Rittersporn (*Delphinium *spec.)*
(Foto: Marta Jonina/shutterstock.com)

Magie in den Garten bringt vielleicht auch ein Beet für König Artus und seine Tafelrunde. Camelot entsteht in Ihrer Fantasie, wenn Sie ein Beet anlegen mit Rittersporнen, die nach den Helden benannt sind. Ganz im Sinne der Tafelrunde könnte dies ein rundes Beet werden, in dessen Mitte eine *Buddleja* 'Black Knight' prangt. Viele hochwüchsige Rittersporнstauden (Pacific-Hybriden) erinnern mit ihren Namen an Camelot: 'King Arthur' (dunkelviolett mit weißer Biene), 'Galahad' (reinweiß), 'Astolat' (rosa mit dunklem Auge), 'Guinevere' (rosig-lavendelfarben) und 'Black Knight' (dunkelviolett mit schwarzem Auge). Dazu passen auch die Elatum-Hybriden: 'Lanzenträger' (enzianblau und weißes Auge), 'Merlin' (hellblau) und 'Schildknappe' (blauviolett mit weißem Auge). Zu ihren Füßen sollte man Lungenkraut mit passendem Namen *Pulmonaria* 'Excalibur' setzen, dessen Blätter mit ihrer silberweißen Blattmitte tatsächlich an ein Schwert erinnern.

König Artus' Tafelrunde

Nr.	**Pflanze**	**Stückzahl**
1	*Buddleja davidii* 'Black Knight'	1
2	*Delphinium* Pacific-Hybride 'King Arthur'	4
3	*Delphinium* Pacific-Hybride 'Galahad'	4
4	*Delphinium* Pacific-Hybride 'Astolat'	4
5	*Delphinium* Pacific-Hybride 'Guinevere'	4
6	*Delphinium* Pacific-Hybride 'Black Knight'	4
7	*Delphinium* Elatum-Hybride 'Lanzenträger'	4
8	*Hosta*-Hybr. 'Gestreifte Lanze'	12
9	*Pulmonaria* 'Excalibur'	18

9
9
9
9
3
6
9
9
2
3
6
2
9
9
6
3
6
9
7
6
7
5
5
9
9
8
8
8
8
1
8
8
8
8
4
4
7
9
7
3
3
9
2
2
8
8
5
4
9
9
5
9
4
9
8
8
9
9
9
9

Amors Zauberkräuter

Der Mensch suchte zu allen Zeiten nach Mitteln und Wegen, das Liebesgefühl des Partners zu wecken und zu erhalten. Dabei bediente er sich der Gaben der Natur, aber um das Ziel seiner Wünsche zu erreichen, versuchte er es auch mit Zauber und Magie. Pflanzen, denen man magische Wirkung zuschrieb, standen daher oft im Mittelpunkt solcher Praktiken. Die Zauberkräuter Amors sollten den gewünschten Partner binden, sie sollten Männer stark machen und als Schönheitsmittel den Zauber der Frauen verstärken. Liebespflanzen sollten aber auch die Fruchtbarkeit mehren und die Geburt erleichtern. Manchen dieser Pflanzen, vor allem den Nachtschattengewächsen, wurden so starke magische Kräfte zugesprochen, dass es ausreichte, sie im Rahmen von Zauberritualen einzusetzen.

Die lustvolle Liebe

Aphrodisiaka sind mehr als simple Heilmittel oder Medikamente, die verschiedene Formen von Impotenz oder Frigidität bekämpfen können. Benannt sind solche Mittel nach Aphrodite, der Göttin der Liebe, und zwar nicht einer idealisierten Liebe, sondern der fleischlichen, lustvollen Liebe. Als Aphrodite, die aus dem Schaum Geborene, aus den Fluten des Meeres stieg, war sie nackt und verführerisch. Sie besaß ein wunderbares Mittel, einen Zaubergürtel: „Drin waren alle die Zauber enthalten, drin war Liebe und Liebesverlangen, wie es schon oft verständigen Männern die Sinne berückt hat", beschreibt eine orphische Hymne die Wirkung dieses Zaubergürtels.

*Schwarzes Bilsenkraut (*Hyoscyamus niger*)*
(Foto: fedsax/shutterstock.com)

Verzaubern von Mann und Frau

Pflanzliche Mittel, die sexuell anregen können, kennt man bei allen Völkern und in allen Kulturen. Aphrodisiaka sollten helfen, die Lust zu wecken, zur „unkeuschen begierd" verführen, sie sollten die Sinne anregen und auch helfen, den Partner an sich zu binden. Die wahren Liebestränke, die unauflösliche, nur durch den Tod endende

Liebesbeziehungen schaffen sollten, waren meist solche, deren Inhaltsstoffe eine extrem starke Wirkung auf den Menschen ausübten. Die Herstellung dieser Tränke war daher auch kundigen Frauen, den Hagezussen oder Hexen, vorbehalten.
Mithilfe von Giftpflanzen wie Alraune, Tollkirsche, Bilsenkraut und Stechapfel wurden Getränke gebraut, die psychoaktive Wirkung hatten, Fantasiewelten in der Seele aufsteigen ließen und Vergangenes vergessen helfen sollten.
Auch Bilsenkraut (*Hyoscyamus niger*) ist eine wahrhaft magische Giftpflanze, die nicht nur das Gefühl des Vergessens und der Gleichgültigkeit, sondern auch Willens- und Widerstandslosigkeit erzeugen konnte. Dem Bilsenkraut wurde aber auch eine erotisierende Wirkung zugesprochen. In mittelalterlichen Badehäusern wurde mit den Samen des Bilsenkrautes geräuchert, um „zum Beischlaf zu stimulieren".
Noch stärker regt der Stechapfel (*Datura stramonium*) an, sodass er immer herhalten musste, wenn es galt, den „Widerstand der Weiber" zu brechen, sie gegen ihren Willen sexuell zu erregen. Deshalb wurde der Stechapfel auch „Liebeszwinger" genannt.
Der botanische Name der Tollkirsche, *Atropa belladonna*, kommt daher, dass sich die Frauen den Saft der Beeren in die Augen träufelten, was dazu führt, dass die Pupillen erweitert werden – ein Schönheitsideal früherer Zeiten. „Sie haben ein schön und lustig Aussehen, damit sie einen Unwissenden leicht locken und reizen", notierte Mathiolus im 16. Jahrhundert. Bemerkenswert ist, dass die Tollkirsche die Frauen sexuell erregen, bei den Männern aber die erotische Spannung vermindern soll.

Schwarze Tollkirsche (Atropa belladonna)
(Foto: Martin Fowler/shutterstock.com)

Das pflanzliche Zaubermittel schlechthin war aber die Alraune (*Mandragora officinalis*). Daher dachte man, dass sie auch als Liebesmittel besondere Kräfte entwickeln müsse. Man vermutet, dass die Pflanze „Dudaim“, die in der Bibel beschrieben wird, mit der Alraune identisch ist. Rahel verwendete sie, um damit die Liebe Jakobs zu wecken und gesegneten Leibes zu werden. Luther übersetzte „Dudaim“ mit Liebesäpfel, und vielleicht war der Apfel, den Paris der Göttin Aphrodite, die er als die Schönste auserkor, überreichte, die Frucht einer Alraune.

*Holzapfel (*Malus sylvestris*)*
(Foto: BestPhotoStudio/shutterstock.com)

Amors Düfte

Viele Ratschläge gelten unabhängig vom Geschlecht. Nur für Männer ist folgender Ratschlag gedacht: Sollte er wünschen, dass ihm eine Frau folgen möge – nicht im Sinne von gehorchen, sondern dass sie nie mehr von seiner Seite weiche –, dann muss der Mann versuchen, seiner Angebeteten ein Stück Bibernellwurzel (*Pimpinella major*) in eine Tasche zu stecken. Duftstoffe und aromatische Kräuter spielten im Liebeszauber schon immer eine große Rolle. Das kann die Wissenschaft heute nur bestätigen, denn es ist bekannt, dass die Liebe nicht ganz ohne den Geruchssinn funktioniert. Es sind nicht nur die Pheromone, das individuelle Duftkleid eines Menschen, sondern auch die ätherischen Öle, Wirkstoffe, die unsere Pflanzen duften lassen, die auf die Gefühle der Menschen starke Wirkung ausüben.

Wenn die Duftmoleküle in der Riechschleimhaut im obersten Bereich der Nase eine neurochemische Reaktion auslösen, wird diese weitergeleitet an das Limbische System, einen Teil unseres Stammhirns. Dieses reguliert unsere Gefühlswelt. Ob wir uns entspannt oder angeregt fühlen, kann durch Düfte beeinflusst werden, und viele Düfte haben eine ausgesprochen aphrodisierende Wirkung.

Rezept aus einem Kräuterbuch von 1727

„Man zupfe dem Mann, den man begehrt, ein Haar aus, nehme eine ungebrauchte Nähnadel, in die man das Haar einfädelt, ziehe dieses Haar dreimal durch ein Salbeiblatt, lege dieses unter die Türschwelle, und wenn der Angebetete das Haus betritt, wird er sicher in Liebe entbrennen.“

Der **Apfel**

(Foto: Rainer Sturm/pixelio.de)

Der Apfel (*Malus* spec.) aus der Familie der Rosengewächse (Rosaceae) war das Mittel des Liebeszaubers schlechthin. Mit seiner Hilfe konnte eine Frau am sichersten die Liebe des Partners gewinnen. Dazu musste sie nur eine Nacht lang mit einem Apfel unter der Achsel oder gar auf der Scham schlafen und diesen dann am nächsten Tag dem Mann der Wahl zum Essen geben. Klingt nach Magie, aber die Wirkung ist auf die Pheromone der Trägerin zurückzuführen, die in der Schale des Apfels gespeichert werden und dem Mann damit klarmachen, wer die passende Partnerin ist. Somit ist auch das Rezept, den Apfel für Liebeszauber zu verwenden, erklärbar.
Da der Apfel aber mit der ersten Frau, Eva, in Verbindung gebracht wurde, bekam er auch böse Attribute: „Malum ex malo", alles Unheil kommt vom Apfel, drückt sich sogar im botanischen Namen aus.
Bei den Kelten hatten die Äpfel den Ruf, magische Kräfte zu besitzen, zu ewiger Jugend zu verhelfen und den Tod zu überwinden.
Der Apfel ist über die ganze Erde verbreitet. Heute gibt es über 1 000 Sorten von Kulturäpfeln, deren gemeinsamer Stammvater der Holzapfel (*Malus sylvestris*) ist. Der Holzapfel wächst eher strauchartig, und auch die Kulturäpfel entwickeln selten einen hochgewachsenen Stamm. Es liegt ihnen mehr an der Ausbildung einer dicht verzweigten Krone, deren rundliche Ausbildung sich in der kugeligen Form der Früchte wiederholt. Der Apfel ist eine echte Venuspflanze.

HEILWIRKUNG

„An apple a day keeps the doctor away!" Dieser Spruch kann tatsächlich bestätigt werden. Je nach Zubereitungsart kann der Apfel gegen Durchfall oder Verstopfung helfen. Neueste Untersuchungen zeigten, dass besonders in der Apfelschale Stoffe vorkommen, die den Cholesterinspiegel positiv beeinflussen, helfen, Herz- und Kreislauferkrankungen vorzubeugen und das Immunsystem stärken.

STANDORT UND **ANSPRÜCHE**

Die Ansprüche der Apfelbäume an den Boden sind im Allgemeinen leicht und fast überall zu erfüllen. Der flachwurzelnde Baum liebt gut durchlässige Lehmböden und mag keine Staunässe oder lang anhaltende Trockenheit. Winterkälte verträgt er gut, Spätfröste können aber erheblichen Schaden anrichten.

Was Männer stark und Frauen schwach macht

Um „eyn teutsches Mannsbild bey Kräfften zu halten“, dafür kannte man viele Pflanzen. In erster Linie betrachtete die Volksheilkunde nach dem Grundsatz „Gleiches mit Gleichem“ solche Pflanzen als besonders wirksam, die menschlichen Geschlechtsteilen ähneln. Man sollte dies nicht nur als wirkungslosen Aberglauben belächeln; moderne wissenschaftliche Untersuchungen könnten vielleicht Wirkstoffe zutage fördern, die diese volksmedizinischen Erfahrungen bestätigen.

Liebeskraft aus dem Küchengarten

Petersilie (*Petroselinum crispum*) diente den Männern als Potenzmittel und den Frauen als gefährliches Abtreibemittel. Bei den Männern ist bis auf die harntreibenden Eigenschaften eher keine Wirkung auf den Geschlechtstrieb zu erwarten, Frauen könnte man empfehlen, in den ersten Monaten der Schwangerschaft nicht zu viel frische Petersilie zu verwenden.

Auch Sellerie (*Apium graveolens*) wurde als „erhitzend und reyzend“ betrachtet, und noch heute kreisen viele Männerwitze um die aphrodisischen Eigenschaften des Selleriesalates, der auch als „Stehsalat“ bezeichnet wurde.

Die Zwiebel (*Allium cepa*) galt schon in Ägypten als Symbol der Erotik und Zeugung. Im Mittelalter meinte der Kräuterarzt Mathiolus, „Zwiebeln gegessen entzünden die unkeuschen Gelüst“.

Der Knoblauch (*Allium sativum*) ist ebenfalls ein Liliengewächs. Seine cholesterinsenkende und gefäßerweiternde Wirkung ist wissenschaftlich anerkannt. Russische Pharmakologen schwören aber darauf, dass Knoblauch nicht nur verjüngend wirkt, sondern auch die Manneskraft bis ins hohe Alter aufrecht halten soll.

Der Spargel (*Asparagus officinalis*) stand schon immer im Ruf, müden Männern auf die Sprünge zu helfen. Das verwundert nicht in Anbetracht seiner Signatur, die wahrlich an das männliche Geschlechtsorgan erinnert. In der chinesischen Medizin wird eine

Knoblauch (Allium sativum)
(Foto: rootstock/shutterstock.com)

Liebeskraft aus dem Küchengarten

- Artischocke (Cynara scolymus)
- Knoblauch (Allium sativum)
- Petersilie (Petroselinum crispum)
- Rettich (Raphanus sativus)
- Sellerie (Apium graveolens)
- Spargel (Asparagus officinalis)
- Zwiebel (Allium cepa)

verwandte *Asparagus*-Art (*Asparagus lucida*) verwendet und in einem alten Kräuterbuch kann man nachlesen, dass ein Mann namens Tu ze wei, „nachdem er dieses Kraut viele Jahre eingenommen hatte, in der Lage war, sexuelle Beziehungen zu 80 Ehefrauen und Konkubinen zu unterhalten und täglich 50 Meilen zu Fuß zu gehen". Eine indische Spargelart (*Sambucus racemosa*) wird Shatavari genannt, und im Ayurveda ist nachzulesen: Shatavari, die hundert Männer besitzt.

Der Rettich (*Raphanus sativus*) ist mit dem Senf verwandt und enthält ein schwefelhaltiges ätherisches Öl, das für den scharfen Geschmack verantwortlich ist.

Natürlich wachsen nicht nur bei uns Pflanzen für „Lustgewinn und Liebesglück". Die chinesische Medizin und das Ayurveda, die der Energiewirkung einer erfüllten Sexualität eine lebensverlängernde Wirkung zuschreiben, kennen viele anregende Pflanzen. Es sei hier nur auf den legendären Ginseng (*Panax ginseng*) hingewiesen, der allerdings als Adaptogen, also als ein Stress ausgleichendes Mittel, eher hilft, nachlassende Manneskraft gelassener hinzunehmen.

Auf der Fensterbank könnte man Damiana (*Turnera diffusa*) kultivieren, das Kraut des heiligen Damian, das den südamerikanischen Beitrag zur Stärkung der Männlichkeit liefert. Man nennt es in Mexiko: Rompe camisa macho, das Kraut, das dem Mann das Hemd auszieht. In Jamaika-Rum, gemeinsam mit Piment, Vanille und Honig angesetzt, wird daraus ein köstlicher Likör, der sowohl Männern als auch Frauen „Lust auf Lust" macht. Bhringaraj (*Eclipta alba*) wirkt nicht nur sexuell anregend, sondern so verjüngend, dass sogar das Ergrauen der Haare bei Männern gestoppt und das Gedächtnis gestärkt wird.

Liebeskraft durch exotische Kräuter

Ashwagandha (Withania somnifera)
Bhringaraj (Eclipta alba)
Damiana (Turnera diffusa)
Ginseng (Panax ginseng)
Gotu Kola (Hydrocatyle asiatica)
Ingwer (Zingiber officinalis)
Pfeffer (Piper nigrum)

Die Liebestöter

Ebenso wie man überzeugt war, mit Zauberpflanzen Lust auf Liebe machen zu können, glaubte man, auch das Gegenteil mit Zauberkraft zu schaffen. Man kannte eine Reihe von Pflanzen, „wider die allzu große Begierde zum Beyschlaff und Geilheit".

Der Hopfen (*Humulus lupulus*) wuchs in den Klostergärten, denn er sollte den Mönchen, als Tee getrunken, helfen, keine unzüchtigen Träume zu haben. Möglicherweise animierte das dazu, besonders gute Biere in Klöstern zu brauen. Heute wissen wir, dass Hopfen tatsächlich die Phytoöstrogene Daidzein und Genistein enthält, was sich auf die Libido der Männer sicher dämpfend auswirkt. Männern sei daher beim Biertrinken zur Vorsicht geraten. „Mönchspfeffer" nannte man eher scherzhaft das Keuschlamm (*Vitex agnus-castus*). Der Strauch wurde ebenfalls in Klöstern gezogen, weil man überzeugt war, sein Absud könnte das Streben nach Enthaltsamkeit unterstützen.

Zaghaft sollten Männer auch an Gerichte, die mit Dill (*Anethum graveolens*) gewürzt sind, herangehen, denn Hexen nutzten seine dämpfende Wirkung oft, um Eheleute zu ärgern. Schon Dioskurides hatte festgestellt: „Dill dämpft den natürlichen Samen."

Pflanzen gegen den Liebestrieb

Dill (Anethum graveolens)
Hopfen (Humulus lupulus)
Mönchspfeffer, Keuschlamm (Vitex agnus-castus)
Seerosen (Nymphaea alba)
Schnittsalat oder Kopfsalat (Lactuca sativa)

Zauberhafte Gartenbeete – Mondscheingärtchen

Berühmte englische Gärtnerinnen wie Eleanour Sinclair Rohde waren überzeugt, dass man mit romantischen Gärten die Gefühle der Männer so anregen kann, dass Aphrodisiaka gar nicht mehr nötig seien. Man stelle sich ein Gärtchen vor mit silbrig belaubten Kräutern, die im Mondschein aufleuchten und wenn man sie leise berührt, aromatisch duften, dazu weiß blühende, wohlriechende Blumen – das muss doch jedes Männerherz erweichen.

Die Wermutgewächse sind nach Artemis, der Göttin der Jagd und der Wildnis, aber auch der Zauberei benannt. Viele von ihnen haben silbriges Laub und eignen sich somit für ein Mondscheingärtchen ganz besonders. Dazu passen Lavendel, Zypressenkraut, Salbei und betörend duftende Madonnenlilien, die ja ursprünglich der Venus geweiht waren sowie die duftenden helllila Nachtviolen.

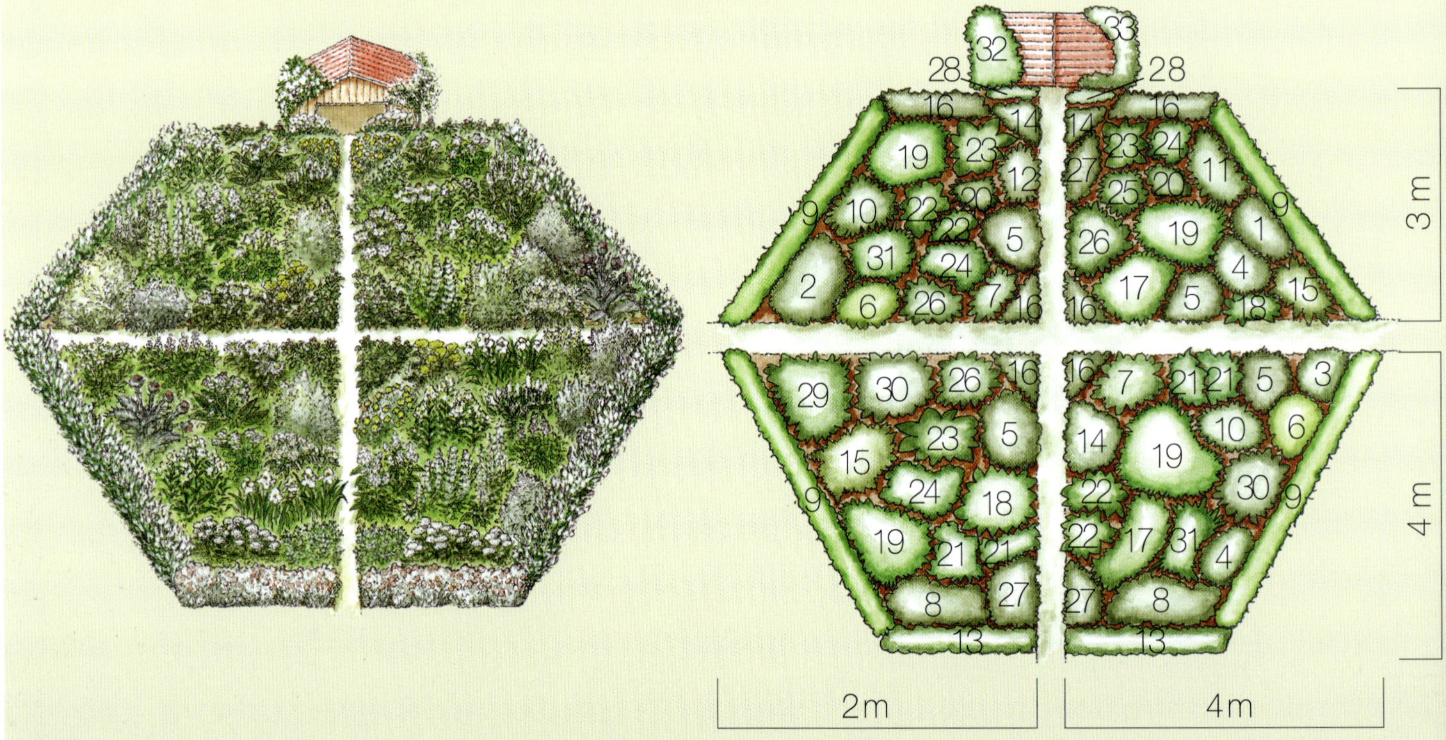

Mondscheingärtchen

Nr.	Pflanze	Stückzahl
1	*Artemisia ludoviciana* 'Silver Queen'	3
2	*Artemisia absinthium*	3
3	*Artemisia arborescens* 'Powis Castle'	3
4	*Artemisia camphorata*	4
5	*Artemisia santonicum*	8
6	*Artemisia lactiflora* 'Guizhou'	6
7	*Achillea filipendulina* 'Moonshine'	6
8	*Achillea ptarmica* 'The Pearl'	8
9	*Lavandula angustifolia* 'Edelweiß'	40
10	*Salvia argentea*	6
11	*Salvia officinalis* 'Berggarten'	3
12	*Salvia officinalis* 'Nana Alba'	3
13	*Santolina chamaecyparissus*	10
14	*Santolina neapolitana*	9
15	*Onopordum acanthium*	2
16	*Stachys byzantina* 'Silver Carpet'	22
17	*Hyssopus officinalis* 'Alba'	6
18	*Anaphalis triplinervis*	6
19	*Hesperis matronalis* 'Alba Plena'	12
20	*Lilium candidum*	2
21	*Iris florentina*	4
22	*Saponaria officinalis* 'Alba'	4
23	*Nicotiana sylvestris*	3
24	*Aquilegia vulgaris* 'Dove'	6
25	*Echinacea purpurea* 'White Swan'	3
26	*Monarda didyma* 'Schneewittchen'	3
27	*Thymus vulgaris* 'Silver Posy'	9
28	*Anthemis nobilis* 'D'Anjou'	6
29	*Clematis recta*	2
30	*Dictamnus albus* 'Albiflorus'	2
31	*Digitalis purpurea* 'Alba'	4
32	Kletterrose 'New Dawn'	1
33	*Lonicera periclymenum*	1

Zauberhafte Gartenbeete – Venuspflanzenbeet

Venus und Mars waren ein Götterpaar und stehen für das weibliche und männliche Prinzip. Die Farbe, die der Venus zugeordnet wird, ist Rosa, und Rot ist die Farbe des Kriegsgottes Mars. Ein Beet, in dem die Farben Rosa und Rot kombiniert werden, kann daher vielleicht anregen, die beiden Gegenpole zu verbinden. Und einen Hauch von „schwarzer Magie" vermittelt es, wenn Pflanzen mit schwarzen Blüten daruntergemischt werden.

Venuspflanzenbeet

Nr.	Pflanze	Stückzahl
1	*Rheum palmatum*	2
2	*Angelica gigas*	2
3	*Foeniculum vulgare* 'Rubrum'	2
4	*Alcea rosea* 'Nigra'	2
5	*Alcea rosea* 'Rubra'	4
6	*Salvia sclarea* var. *turcestanica*	4
7	*Paeonia officinalis*	1
8	*Epilobium angustifolium*	4
9	*Papaver orientale* 'Türkenlouis'	2
10	*Iris* 'Black as Night'	2
11	*Iris* 'Night Owl'	2
12	*Achillea* 'Red Velvet'	3
13	*Achillea* 'Terracotta'	3
14	*Monarda didyma* 'Squaw'	2
15	*Echinacea purpurea*	8
16	*Salvia officinalis* 'Purpurascens'	4
17	*Verbena macdougalii*	6
18	*Dianthus barbatus*	4
19	*Dianthus gratianopolitanus*	3
20	*Stachys officinalis*	6
21	*Centaurium umbellatum*	4
22	*Cryptothaenia japonica* 'Atropurpurea'	2
23	*Viola cornuta* 'Molly Sanderson'	9

5 4 5 2 1 1 2 5 4 5
3 6 6 8 8 6 6 3
8 8 7 8 9 9
15 9 10 12 11 13 10 14
17 14 16 15 15 16 17
17 18 18 18 18
21 21 21 20
20 19 19 21 19
22 23 23 23 23 22
23 23 23 23 23

Sprechende Blumen und Liebeskräuter im Überblick

Einjährige und zweijährige Pflanzen

Name lateinisch, deutsch	Lebensdauer	Wuchshöhe in cm	Blütezeit (Monat)	Blütenfarbe	Standort
Alcea rosea 'Nigra', Stockrose	II	180	VI – IX	schwarz	○–◐
Amaranthus caudatus, Fuchsschwanz	I	60 – 100	VII – IX	purpurrot	○
Centaurium umbellatum, Tausendgüldenkraut	I	bis 50	VII – X	zartrosa	○
Digitalis purpurea 'Alba'	II – A	120	VI – VII	weiß	○–◐
Digitalis purpurea 'Apricot'	II – A	120	VI – VII	gelblich-rosa	○–◐
Digitalis purpurea 'Gloxiniaeflora' Fingerhut	II – A	bis 150	VI – VII	rot, rosa	○–◐
Impatiens balsamina, Balsamine	I	70	VII – IX	rosa bis rot	○
Myosotis sylvatica, Vergissmeinnicht	II	bis 40	V – VII	himmelblau	○–◐
Nemesia strumosa, Elfenspiegel	I (Vorkultur)	bis 60	VI – IX	weiß, rosa, orange	○–◐
Nigella damascena Jungfer im Grünen	I	bis 50 cm	VI – IX	weiß, hellblau, rosa	○–◐
Viola tricolor, Stiefmütterchen	I – II	20 – 30	III – V	gelb mit lila	○–◐

Ausdauernde Pflanzen

Name	Lebensdauer	Wuchshöhe	Blütezeit	Blütenfarbe	Standort
lateinisch, deutsch		in cm	(Monat)		
Achillea filipendulina 'Moonshine'	A	50	VI – VIII	schwefelgelb	○
Achillea millefolium 'Sammetriese'	A	80	VI – VII	kirschrot	○
Achillea ptarmica 'The Pearl' Schafgarbe	A	30 – 50	VII – VIII	weiß	feucht ○
Aconitum napellus	A	80 – 120	VII – VIII	dunkelblau	○–◐
Aconitum cammarum 'Bicolor' Eisenhut	A	80 – 100	VII – IX	blau mit weiß	○–◐
Anaphalis margaritacea 'Neuschnee'	A	50	VII – IX	weiß	○
Anemone silvestris, Waldanemone	A	30	IV – V	weiß	◐
Angelica gigas, Riesenengelwurz	A	80	VI – VIII	tiefrot	○
Aquilegia flabellata 'Nana Alba'	A	30	V – VI	wachsweiß	◐
Aquilegia vulgaris 'Dove'	A	30	V – VI	reinweiß	◐
Aquilegia vulgaris 'Woodside' Akelei	A	60	V – VI	altrosa	◐
Artemisia ludoviciana 'Silver Queen'	A	70	VIII	gelblich	○
Artemisia absinthium					○
Artemisia arborescens 'Powis Castle' Edelraute	A	100	VII – IX	weiß	○
Brunnera macrophylla, Kaukasus-Vergissmeinnicht	A	40	IV – V	lichtblau	◐
Coreopsis grandiflora 'Sunray'	A	50	VII – VIII	goldgelb	○
Coreopsis verticillata 'Moonbeam' Mädchenauge	A	40	VII – VIII	pastellgelb	○
Delphinium Belladonna-Hybride 'Piccolo'	A	80	VI – VII	azurblau	○
Delphinium Elatum-Hybr. 'Augenweide'	A	150	VI – VII	hellblau mit rosa	○
Delphinium Elatum-Hybr. 'Berghimmel'	A	180	VI – VII	himmelblau mit weiß	○
Delphinium Pacific-Hybr. 'Astolat'	A	180	VI – VII	altrosa	○
Delphinium Pacific-Hybr. 'Black Knight'	A	180	VI – VII	dunkelblau mit schwarz	○
Delphinium Pacific-Hybr. 'Galahad'	A	180	VI – VII	reinweiß	○
Delphinium Pacific-Hybr. 'Guinevere'	A	180	VI – VII	rosig-lavendel	○
Delphinium Pacific-Hybr. 'King Arthur', Rittersporn	A	180	VI – VII	dunkelviolett mit weiß	○

Name	Lebensdauer	Wuchshöhe	Blütezeit	Blütenfarbe	Standort
lateinisch, deutsch		in cm	(Monat)		
Dianthus barbatus	II	40	VII – IX	haupts. Rottöne	○
Dianthus gratianopolitanus Nelke	A	15	V – VII	Rosatöne	○
Dictamnus albus 'Albiflorus', Diptam	A	80	VI	weiß	○–◐
Dryopteris filix-mas, Wurmfarn	A	80	–	–	◐–●
Echinacea purpurea	A	100	VIII – IX	rosarot	○
Echinacea purpurea 'White Swan' Sonnenhut	A	80	VIII – IX	cremeweiß mit schwarzer Mitte	○
Epimedium grandiflorum 'Elfenkönigin'	A	30	IV – V	cremeweiß	◐–●
Epimedium grandiflorum 'Lilafee'	A	30	IV – VI	hellviolett	◐–●
Epimedium x *rubrum*	A	25	IV – V	rot	◐–●
Epimedium versicolor 'Sulphureum'	A	25	IV – V	schwefelgelb	◐–●
Epimedium x *youngianum* 'Niveum'	A	15	IV – V	weiß	◐–●
Epimedium x *youngianum* 'Roseum', Elfenblume	A	25	V	rosarot	◐–●
Eryngium planum 'Azureum', Mannstreu, Edeldistel	A	80 – 100	VII – VIII	blau	○ ○
Helenium-Hybr. 'Biedermeier'	A	100	VII – VIII	goldgelb mit rotem Ring	○
Helenium-Hybr. 'The Bishop' Sonnenbraut	A	60 – 80	VII – VIII	dottergelb	○
Heliopsis helianthoides var. *scabra* 'Spitzentänzerin'	A	120	VII – VIII	orangegelb	○
Heliopsis helianthoides var. *scabra* 'Pitscheriana' Sonnenauge	A	120	VI – VII	goldgelb	○
Hesperis matronalis (weißblühend) Nachtviole	A	60 – 70	VI – VII	lila	○–◐
Hosta-Hybr. 'Gestreifte Lanze', Funkie	A	50	VI – VII	lila	◐–●
Hyssopus officinalis 'Alba', Ysop	A	50	VIII – X	weiß	○
Iris 'Black as Night', Schwertlilie	A	90	V	nachtblau	○–◐
Lamprocapnos spectabilis, Tränendes Herz	A	70	V – VI	altrosa und weiß	◐
Lilium candidum, Madonnenlilie	A	100	VI	weiß	○–◐
Lychnis chalcedonica, Brennende Liebe	A	100	VI – VII	scharlachrot	○
Mandragora officinarum, Alraune	A	20 – 20	III – IV	bläulich zieht nach Blüte ein	○–◐
Monarda didyma 'Schneewittchen'	A	100	VII – IX	reinweiß	○–◐

Name	Lebensdauer	Wuchshöhe	Blütezeit	Blütenfarbe	Standort
lateinisch, deutsch		in cm	(Monat)		
Monarda didyma 'Squaw' Indianernessel	A	100	VII – IX	scharlachrot	○–◐
Omphalodes verna, Gedenkemein	A	20	IV – V	hellblau	◐–●
Ophiopogon planiscapus 'Nigrescens', *Schlangenbart*	A	25	VII – VIII	rosaweiß	◐–●
Pimpinella major, Große Bibernelle	A	50 – 100	VI – X	weiß	○–◐
Pulmonaria 'Excalibur', Lungenkraut	A	30 – 40	III – V	rosa, Blätter silbrig	◐–●
Salvia officinalis 'Berggarten'	A	60	VI – VII	blau	○
Salvia officinalis 'Nana Alba' Salbei	A	40	V – VI	weiß	○
Salvia sclarea var. *turcestanica,* Muskateller-Salbei	A	60	VI – VII	rosa-lila	○
Santolina chamaecyparissus Heiligenblume	A	30	V	gelb	○
Saponaria officinalis 'Alba', Seifenkraut	A	60	VI – VII	weiß	○
Stachys officinalis, Heil-Ziest	A	30 – 60	VI – VII	rosa-lila	○
Stachys byzantina 'Silver Carpet', Ziest	A	10	VII	rosalila	○–◐
Verbena officinalis, Echtes Eisenkraut	A	30 – 60	VII – X	blasslila	○–◐
Viola cornuta 'Molly Sanderson', Veilchen	A	20	VI – X	tiefschwarz	○–◐

Rosen

Name	Signatur	Wuchshöhe	Blütezeit	Blütenfarbe	Standort
lateinisch, deutsch		in cm	(Monat)		
Rosa 'Schneewittchen', Strauchrose	A	bis 150	V – Frost	reinweiß	○–◐
Rosa 'Elysium', Beetrose	A	bis 100	V – VIII	zartrosa	○–◐
Rosa 'The Fairy', Bodendeckerrose	A	30 – 50	V – VIII	zartrosa	○–◐
Rosa 'New Dawn', Kletterrose	A	bis 400	V – VIII	zartrosa	○–◐

Von der Wiege bis zur Bahre

(Foto: tomtsya/shutterstock.com)

Wie man mithilfe von Pflanzen die Liebe eines begehrten Menschen herbeizaubern kann, war schon nachzulesen. Ob Apfel oder Baldrian, sobald die Liebe entbrannt war, wollte diese geordneten Verhältnissen zugeführt werden. Eine Hochzeit wurde vorbereitet. Und so nahm das Leben damals wie heute seinen Lauf, in verschiedene Lebensabschnitte eingeteilt, die von Heil- und Zauberpflanzen begleitet wurden.

Zauberpflanzen für Brautleute

Weil Brautleute bösen Geistern ganz besonders ausgesetzt sind, hielt man es für nötig, sich gegen diese zauberischen Anfechtungen auch mithilfe von Pflanzen zu wehren. Wunder wirken konnten die Palmkätzchen, die am Palmsonntag geweiht worden waren. Sie schützten die Braut in den letzten Nächten vor der Hochzeit, wenn sie sich die Zweige unter ihr Betttuch legte.

Um die bösen Hochzeitsgeister zu vertreiben, musste am letzten Abend vor dem Fest ordentlich gepoltert werden, das ist auch heute noch so. Aber auch am Weg zur Kirche drohen noch viele Gefahren. Entweder verhüllte die Braut ihr Gesicht mit einem Schleier, sodass die bösen Geister sie nicht erkennen konnten, oder sie schützte sich mit dem Brautkranz. Der Kranz als geschlossener Kreis galt als ein Mittel zur Geisterabwehr.

Ewige Treue

Rosmarin war schon immer das Symbol der Treue. Ophelia spricht in Shakespeares „Hamlet" zu Laertes: „Da ist Vergissmeinnicht, das ist zum Andenken. Ich bitte Euch, liebes Herz, gedenkt meiner. Und da ist Rosmarin, das ist für die Treue."

Optimale Voraussetzungen für eine gute Ehe konnte sich die Braut schaffen, wenn sie bei der Hochzeit in ihre Schuhe Dill- und Kümmelsamen streute. Dann brauchte sie beim Durchschreiten des Kirchentores nur mehr zu murmeln: „Ich hab in den Schuhen Kümmel und Dill, jetzt muss der Mann tun, wie ich will." So einfach ist das!

Auf jeden Fall sprach man dem Dill zu, vor den Flüchen böser alter Jungfern zu schützen. Solchermaßen gegen den Einfluss böser Geister gewappnet, konnte bei der Hochzeit nichts mehr schiefgehen. Es blieb also nur noch, das Brautpaar nach vollzogener Trauung mit Getreidekörnern, Erbsen oder Mohnsamen zu bestreuen, das sollte der Ehe Glück und Kindersegen bescheren.

(Foto: Bashkir Oleg/shutterstock.com)

*Rosmarin (*Rosmarinus officinalis*)*
(Foto: Fotografiche/shutterstock.com)

Der **Rosmarin**

Der Rosmarin (*Rosmarinus officinalis*) aus der Familie der Lippenblütler (Lamiaceae), dieses besonders würzige Kraut, wächst als dichter, immergrüner Busch mit nadelartigen Blättern und blassblauen Blüten im Mittelmeerraum. Der Name wird auf „ros marinus" = Meertau zurückgeführt und Luftfeuchtigkeit ist für sein Gedeihen notwendig. Vor allem braucht dies die bei uns nicht winterharte Pflanze beim Überwintern: Der Platz sollte hell, eher sehr kühl und eben luftfeucht sein.

DUFT UND **BRAUCHTUM**

Der Brauch, allen Männern bei der Hochzeit Rosmarinzweige ins Knopfloch zu stecken, ist auch heute noch anzutreffen, vor allem im Osten von Österreich. Die Bedeutung kennt man nicht mehr. Sinnvoll ist der Brauch, denn dass der Rosmarin tatsächlich mit Treue zu tun hat, lässt sich aus der Wirkung seines Duftes auf eine Region im Gehirn erklären. Diese Region, der Hippocampus, spielt eine Schlüsselrolle in der Funktion unseres Gedächtnisses. Rosmarinduft in der Hochzeitsnacht lässt den Bräutigam nicht vergessen, dass er geheiratet hat!

Wenn es gelang, die Rosmarinzweige, die bei der Hochzeit getragen wurden, zu bewurzeln und sie gediehen gut, so war das ein Zeichen für eine glückliche und gute Ehe. In England war man allerdings davon überzeugt, dass da, wo der Rosmarin allzu gut gedieh und recht hoch wurde, die Frau die „Hosen anhatte" („the mistress is the master") und ein strenges Regiment führte. Um dem abzuhelfen, sollen die Männer oft heimlich nachts die Wurzeln der Pflanzen beschnitten haben.

Zauberhafte Gartenbeete – Ehegärtchen

Blumen für das Eheglück

Chrysanthemen: *langes Leben, Standhaftigkeit*
Goldlack, Resede: *standhafte Liebe*
Lavendel: *Glück, Erinnerung*
Lorbeer: *Standhaftigkeit*
Maiglöckchen: *Glücksbringer, Blume der Zuneigung*
Nelke: *irdische Liebe*
Schlüsselblume: *Schlüssel zum Herzen des Partners*
Schneeglöckchen: *Glücksbote und Hoffnung*
Veilchen: *innige Liebe, Treue*
Vergissmeinnicht: *wahre Liebe*

Vielleicht das schönste Sinnbild für ein glückliches und langes Eheleben ist die Geschichte von Philemon und Baucis. Als Zeichen seines Dankes für das bescheidene Gastmahl, mit dem sie Zeus und Hermes bewirtet hatten, gewährte ihnen der Göttervater einen Wunsch. Sie baten darum, zur gleichen Zeit sterben zu können, damit keiner den Tod des anderen erleben müsse. Zeus verwandelte sie im Moment des Todes in zwei Bäume. Philemon wurde zur Eiche, dem Sinnbild der Standhaftigkeit und Männlichkeit, Baucis dagegen zur Linde, die als wahre Venuspflanze das Sinnbild der Ehre und Güte, aber auch der Bescheidenheit ist. Vielleicht könnte der Zauber dieser beiden Bäume – Eiche und Linde –, vom Brautpaar zu Beginn der Ehe gepflanzt, zum Garanten für eine lange, glückliche Partnerschaft werden. In ihrem Schatten könnten sie dann bis ins hohe Alter schöne Stunden verleben. Eine andere Auslegung der Geschichte von Philemon und Baucis meint, dass die beiden in Kornelkirschen verwandelt wurden. Zeus soll von den in Wein eingelegten Früchten so angetan gewesen sein, dass er die beiden Alten in Sträucher verwandelte. Die Kornelkirsche ist oft zweihäusig, es gibt daher männliche und weibliche Pflanzen. Wenn man diese Pflanzen also in Ehegärtchen setzt, hat man ein weiteres Symbol für Treue in der Ehe. Nachhaltigen Zauber für eine gute Ehe liefert auch Efeu, das Symbol der ehelichen Treue. Duft für angenehme Stunden bringen die Nachtviolen, die als Symbol dauerhafter Liebe gelten, und die englische Rose 'Heritage' (was Erbe bedeutet). Der Frauenmantel bringt Zauberkraft für reichlichen Nachwuchs und Schutz für die Liebe.

Ehegärtchen

Nr.	Pflanze	Stückzahl
1	*Tilia cordata*, Linde	1
2	*Quercus robur*, Stieleiche	1
3	*Cornus mas*, Kornelkirsche	4
4	*Hedera helix*, Efeu	6
5	*Rosmarinus officinalis* (im Topf), Rosmarin	7
6	*Salvia officinalis*, Salbei	6
7	*Thymus vulgaris* 'Compactus', Thymian	9
8	*Mentha arvensis* (im Topf versenken), Minze	10
9	*Alchemilla vulgaris*, Frauenmantel	10
10	*Agrimonia eupatoria*, Odermennig	20

Nr.	Pflanze	Stückzahl
11	*Anethum graveolens*, Dill	8
12	*Carum carvi*, Kümmel	1
13	*Artemisia abrotanum*, Eberraute	12
14	*Viola odorata*, Duftveilchen	12
15	*Viola tricolor*, Stiefmütterchen	9
16	*Primula veris*, Schlüsselblume	9
17	*Melissa officinalis*, Melisse	10
18	*Artemisia vulgaris*, Beifuß	15
19	*Rumex acetosa*, Sauerampfer	7
20	*Hesperis matronalis*, Nachtviole	12
21	*Reseda odorata*, Duftresede Unterpflanzung für Rose	15
22	*Nigella damascena*, Jungfer im Grünen	10
23	*Cheiranthus cheiri*, Goldlack	5
24	*Dendranthemum* Kor.-Hybr. 'White Bouquet', Margerite	3
25	*Lavandula officinalis*, Lavendel	7
26	*Convallaria majalis*, Maiglöckchen	5
27	*Narcissus poeticus*, Narzisse	4
28	*Dianthus barbatus*, Nelke	5
29	*Galanthus nivalis*, Schneeglöckcken	7
30	*Myosotis sylvatica*, Vergissmeinnicht	5
31	Englische Rose 'Heritage'	2
32	*Laurus nobilis*, Lorbeer	2

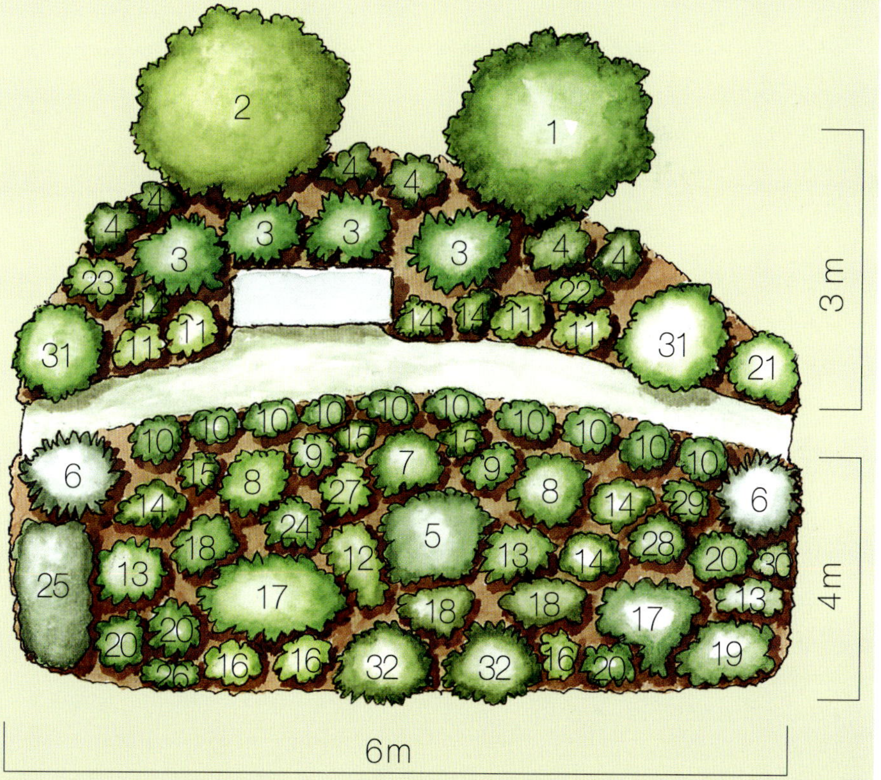

Fruchtbarkeitszauber und Niederkunft

Früher war es vor allem die kräuterkundige, weise Frau, die ja auch die Hebamme war, die wusste, welche Kräuter die Fruchtbarkeit steigern können. Da gab es vor allem das Mutterkraut schlechthin, den Frauenmantel.

Geburt

Wenn dann endlich die Zeit der Geburt gekommen war, galt es ganz besonders, die Mutter und das Kind vor Zauber zu schützen. Die Hebamme reichte der Gebärenden einige Büschel Beifuß in die linke Hand. Der Beifuß, der der Göttin Artemis, der Schutzgöttin der Gebärenden, geweiht war, ist „ein sonderlich Frawenkraut", das die Geburt beschleunigen kann.
Das Johanniskraut, war man überzeugt, kann Dämonen vertreiben und Unheil abwehren. Außerdem räucherten die Hebammen den Raum mit Beifuß und auch anderen zauberabwehrenden Pflanzen aus. Natürlich verwendete die weise Frau aber auch Kräuter, die bei der Geburt die Schmerzen lindern können, sie beschleunigen und die Blutungen mildern.

Das Wort Hebamme ist abgeleitet von Heb-Ahnin. Zuerst wurde das Kind auf die strohbedeckte Erde gelegt, und wenn die Hebamme sah, dass das Kind gesund und lebensfähig war, hob sie es in die Höhe, womit der Neuankömmling Teil der Gemeinschaft wurde.
Um das Kind in den ersten Stunden seines Erdendaseins zu schützen, wurden dem Badewasser gerne zauberabwehrende Kräuter beigesetzt. Besonders beliebt dafür war das Eisenkraut (*Verbena officinalis*), das „stark wie Eisen" machen sollte.

Geburtsbaum

Weit verbreitet ist auch heute noch die Sitte, nach der Geburt eines Kindes einen Baum zu pflanzen. Oft wurde in die Pflanzgrube für den Baum auch die Plazenta, der Mutterkuchen, mitgegeben. Diesem Brauch lag der Glaube zugrunde, dass Leben und Gedeihen des Kindes mit dem Gedeihen seines „Geburtsbaumes" verknüpft sind. Bei der Geburt des Stammhalters pflanzte der stolze Vater meist eine Linde, obwohl dieser Baum als Venuspflanze eine durch und durch weibliche Ausstrahlung hat. Das germanische „lindi" bedeutet weich, mild. Aber vielleicht steckte die Überlegung dahinter, dass der Sohn beim Tanz unter dieser Linde seine Liebe finden könne. Es war auch üblich, Obstbäume zu setzen: einen Apfelbaum für einen Sohn und einen Nuss- oder Birnbaum für eine Tochter.

Wochenbett

Die erste Zeit nach der Geburt, das Wochenbett, ist für Mutter und Kind eine besonders schutzbedürftige Zeit. Die Hebamme streute daher „Unser Frauen Bettstroh", die Kräuter, die der Freyja geweiht waren, in die Liegestatt.
Welche Kräuter kamen als „Bettstroh" infrage? Es waren in erster Linie die Johanniskräuter wie Quendel und Eisenkraut, Betonie und Schafgarbe; dazu kam noch honigduftendes Labkraut (*Galium verum*). Dass das Labkraut schädliche Strahlungen abhalten kann, davon sind heute noch viele Rutengänger überzeugt. In früheren Zeiten war es als Bettstroh nicht nur für die Wöchnerin beliebt, sondern es wurde auch den Kranken entweder ins Bett gelegt oder als Kräutersträußchen an das Kopfende des Bettes gelegt. Eine Legende erzählt, dass das Labkraut ursprünglich weiße Blüten gehabt hätte. Nachdem aber Maria das Jesuskind in der Krippe auf Labkraut gebettet hatte, verwandelte sich seine Farbe in leuchtendes Sonnengold.

Frauenmantel (Alchemilla mollis)
(Foto: anmo/shutterstock.com)

Der **Frauenmantel**

Seine Blätter sind rosettenartig gefaltet und muten wie ein Mäntelchen an, das Frauen schützend einhüllen kann, weshalb die weisen Frauen ihn „Unser Frowen Mantel" nannten und Frigga weihten, der germanischen Göttin, Hüterin der Häuslichkeit und Spenderin des Kindersegens. Sie nannten ihn aber auch „Synauwe" oder „Sinau", was „die Pflanze, die immer Tau trägt" bedeutet.

EDLE **WASSERTROPFEN**

Als die Natur noch das einzige Buch war, in dem Kräuterkundige lesen konnten, musste aufgefallen sein, dass es sich nicht um denselben Tau handelt, der in den frühen Morgenstunden die Wiesen benetzt. Der Frauenmantel scheidet das Wasser nämlich durch feine Poren am Blattrand aus. Schon die Druiden begehrten dieses Pflanzenwasser, und im Mittelalter sammelten die Alchimisten die Wassertröpfchen, waren sie doch sozusagen von der Pflanze gefiltertes Wasser, also eine Art natürliches Destillat. Daher kommt übrigens auch der botanische Name „Alchemilla".

HEILWIRKUNG **UND BOTANIK**

Nach der Christianisierung wurden Friggas Symbolpflanzen der Jungfrau Maria zugeordnet. So wurde die Pflanze zum „Marienmantel" und der Wassertropfen zum „Himmelstau". Der Frauenmantel war aber noch aus einem anderen Grund eine ideale Marienblume, denn er kann keimfähige Samen auch ohne vorausgegangene Befruchtung durch Pollen bilden. Man bezeichnet diesen Vorgang als Jungfernzeugung oder Parthenogenese.
Das ist aber auch als Signatur einer Pflanze zu deuten, die wahrlich die Weiblichkeit und Fruchtbarkeit einer Frau stärken kann. Frauenmantel hilft aber nicht nur, die Funktion der weiblichen Organe zu stärken, er kann auch Blutungen stillen und Wunden heilen. Die germanischen Hebammen bereiteten Frauenmantel durch Sieden in Met zu. Dieser Trunk für das Wochenbett förderte nicht nur die Genesung, sondern half auch, das gefürchtete Wochenbettfieber zu verhindern. Auch wenn der Frauenmantel von der Wissenschaft stiefkindlich behandelt wird, kann man all die traditionellen Anwendungen auch heute noch empfehlen.

Frauenmantel-Blütenkranz
(Foto: petrabarz/fotolia.com)

Pflanzenzauber in der Kinderwelt

(Foto: shutterschock/shutterstock.com)

Früher spielten Pflanzen in der Welt des Kindes eine große Rolle. In Zeiten, in denen Kinder noch ungestört durch die Natur schweifen konnten, ließ sie der kindliche Spieltrieb Pflanzen finden, mit denen man allerhand Lustiges und Unterhaltsames treiben konnte. Überall wo Kinder sind, wurde und wird auch heute noch immer gespielt und gesungen. Den Birnbaum zu schütteln, um an seine Früchte zu kommen, wurde so zum lustigen Spiel.

Viele der Kinderbräuche beim Beerensammeln sind leider verloren gegangen. So war es üblich, die ersten drei Beeren in die Luft zu werfen und zu versuchen, sie mit dem Mund wieder aufzufangen. Gelang es, dann „bringt man viel zusammen und regnen tut's auch nicht". Oder die Kinder legten die ersten drei Beeren, die sie fanden, auf einen Stein „für die armen Seelen", damit die Beerenernte besonders erfolgreich ausfallen sollte. Solche und ähnliche Bräuche hatten wohl ursprünglich den Sinn, als Opfer für die Waldgeister zu dienen. Viele Blumen dienten den Kindern als Wahrsagepflanzen.

Abend aller Heiligen

Der Brauch, aus ausgehöhlten Früchten „Gespensterköpfe" zu machen, indem man Augen, Nase und Mund herausschnitzt und durch brennende Kerzen von innen aufleuchten lässt, erfreut sich als fixer Bestandteil von „Halloween" neuerdings auch in unseren Breiten großer Beliebtheit. Was dabei übersehen wird ist, dass es ein Fest in dieser Form bei uns nie gab. Samhain war das Totenfest der Kelten, aus dem dann Allerheiligen wurde. Eine Auslegung des Namens „Halloween" führt ihn auf ein schnell gesprochenes „All Hallows' Evening" zurück. Das bedeutet „Abend aller Heiligen". In Großbritannien und auch hierzulande war es üblich, als Wegleuchte für die Totengeister Kohlrüben und später Zuckerrüben auszuhöhlen und von innen zu beleuchten. In dieser Geisternacht wagte sich niemand aus dem Haus. Nachdem dieser Brauch sich in Amerika etabliert hatte, ersetzte man dort die Rüben durch prächtige große Kürbisse, und die Totengeister wurden in gruseligen Kostümfesten wiedererweckt.

Löwenzahn (Taraxacum *sect.* Ruderalia)
(Foto: Laux)

Der **Löwenzahn**

Der Löwenzahn gehört zur Familie der Korbblütler (*Asteraceae*) und ist auf gut gedüngten Wiesen zahlreich anzutreffen. Der Gärtner sollte ihm dankbar sein, denn über die langen Pfahlwurzeln des Löwenzahns kann er die zur Genesung der überdüngten Böden nötigen Nährstoffe und Spurenelemente aus den Tiefen des Bodens zurück holen.

Der Löwenzahn, dessen Blüten wie winzige Sonnen aussehen, steht ganz im Einklang mit dem Tagesgestirn. Die Blüten öffnen sich am frühen Morgen und schließen sich am Nachmittag. Sie bleiben geschlossen, wenn sie keine Sonne „sehen" können.

Nach der Blüte wird der Löwenzahn zur „Pusteblume". Wenn es einem Kind gelingt, sämtliche dieser wie an winzigen Fallschirmen hängenden Samen wegzublasen, kann es sicher sein, dass es ein Glückskind ist und ihm noch Schönes im Leben bevorsteht. So viele Samen auf dem Fruchtboden noch stehen bleiben, so viele Kinder wird man später einmal haben, und so viele Samen an den Kleidern der Spielkameraden hängen bleiben, wenn man sie anpustet, so oft hat man an diesem Tag gelogen.

BRAUCHTUM **UND HEILWIRKUNG**

Aus den Stängeln des Löwenzahns konnten lange Ketten hergestellt werden, die man sich umhängte. Allerdings durfte man den Löwenzahn nicht mit nach Hause nehmen, denn sonst würde man ins Bett nässen. Diese Vorstellung hat sicherlich damit zu tun, dass der Löwenzahn, allerdings hauptsächlich seine Wurzel, einen so stark harntreibenden Tee ergibt, dass man ihn in Frankreich „pissenlit" nennt.

Pflanzen der Trauer und des Todes

Wenn das ganze Leben von Pflanzenzauber begleitet wird, dann muss dies wohl auch für den Tod so sein.

Hauswurz und **Fette Henne**

Hauswurz (Sempervivum)
(Foto: V.J.Matthew/shutterstock.com)

Viele Pflanzen wurden genau beobachtet, da man glaubte, dass sie baldigen Tod ankündigen könnten. Wenn die Hauswurz, die als Blitzschutz auf dem Dach wuchs, viele Blüten hatte, was normalerweise nicht jedes Jahr der Fall war, dann stand den Bewohnern des Hauses nichts Gutes bevor. Die Fette Henne (*Hylotelephium telephium*) diente überhaupt zur Vorhersage, wann der Tod eintritt. Man hängte einen Stängel samt Blättern und Blüten an einen Faden über dem Bett des Kranken an die Stubendecke. Blühte die Fette Henne weiter, was bei einer solchen Saft speichernden Pflanze durchaus möglich ist, würde der Kranke wieder gesund werden. Wenn sie jedoch bald vertrocknete, stand dagegen der Tod bevor.

Wenn des Menschen Herz aufhört zu schlagen und er seinen letzten Atem ausgehaucht hat, verlässt seine Seele die leibliche Hülle. Doch sie findet nicht sofort den Weg in die jenseitige Welt – so sagt es die Überlieferung vieler Völker. Während der Zeit der Totenwache ist die Seele noch nahe, doch in dieser Übergangsphase bedarf sie eines besonderen Schutzes vor negativen Einflüssen. Der Dämonen abwehrende Duft von Kräutern, der

Rauch von Harzen, das Licht der Kerze, Gebete und Gesänge schützen die Seele, bevor sie sich auf ihre letzte Reise begeben kann.
Blumen und Kräuter spielten daher immer eine wichtige Rolle in den meisten Totenkulten. Pflanzen haben, wie Goethe sagte, eine „sinnliche" wie auch eine „übersinnliche" Dimension. Sie können daher Mittler zwischen dem Erdreich und dem Himmelslicht sein. Der Brauch, den Toten auf Blumen zu betten, ist uralt und wurde erstmals bei den Neandertalern belegt, wie Pollenanalysen zeigen.

Amsel auf Eibenast.
(Foto: AlekseyKarpenko/shutterstock.com)

PFLANZEN

„FÜR DAS EWIGE LEBEN"

Das, was die Pflanzen duften lässt, sind sogenannte ätherische Öle. Dieser Begriff kommt von „aither", Himmelsäther – der flüchtige Duft strebt zum Himmel. Der Rosmarin hat als Kraut der Toten gleich große Bedeutung wie als Pflanze der Liebe und Ehe. Mit einem Rosmarinzweig wurde der Sarg mit Weihwasser besprengt und in manchen Gegenden wurde dem Toten auch ein Zweiglein mit in den Sarg gegeben. Immergrüne Pflanzen gelten immer noch als Sinnbild der Unsterblichkeit und hatten früher eine wichtige Bedeutung im Totenkult. Neben dem Rosmarin war vor allem die Weinraute (*Ruta graveolens*) eine ausgesprochene „Totenpflanze", die dem Verstorbenen aufs Bahrtuch gelegt wurde. Verstorbenen Kindern sollte man einen Rautenkranz mit ins Grab geben, dann würden diese am jüngsten Tag zu goldenen Blumen. Der Arzt Mathiolus lobte aber eher die konservierende Wirkung der Raute: „Wenn man die todten Leichnam mit Rauten einwickelt, so bleiben sie lang unverwesen."
Auf das Grab pflanzte man ebenfalls immergrüne Gewächse, wie den Buchsbaum (*Buxus sempervirens*). Seine ledrigen Blätter und sein gesunder Wuchs, der nach jedem Rückschnitt wieder neue Zweige treibt, machten ihn zum Symbol der Unsterblichkeit und treuer Liebe über den Tod hinaus.
Die Eibe (*Taxus baccata*) galt immer als unheimlicher Baum. Die mythologischen Vorstellungen der Antike erzählen, dass der „Baum der Trauer" den Weg zur Unterwelt säumt, wie Ovid schreibt: „Abwärts senkt sich der Weg von trauernden Eiben umdüstert."
Bei den Kelten war der hoch geschätzte Baum der Totengöttin Hel geweiht. Die Eibe war auch ein todbringender Baum, da man aus ihrem harten Holz Pfeile machte, deren Spitzen in tödlich giftigen Eibenblättersud getaucht wurden. Auch als Friedhofsbaum war sie sehr beliebt.
Unter den Blumen der Trauer und des Todes, die Gräber schmückten, war die Rose an erster Stelle. Als Symbol der Liebe, und zwar einer Liebe, die über den Tod hinaus noch andauert, wurde sie häufig neben die Grabstätten gepflanzt. Die Lilie, allen voran die Madonnenlilie (*Lilium candidum*), war eine echte Friedhofsblume.

Der **Holunder**

Auch der Holunder (*Sambucus nigra*) aus der Familie der Holundergewächse (Sambucaceae) war ein Baum des Todes. Verdorrte der am Haus stehende Holunder, so wartete der Tod auf ein Familienmitglied.
Früher wuchs in jedem Bauernhof ein Hollerstrauch. Der Schwarze Holunder folgte dem Menschen überallhin, als wolle er von ihm adoptiert, gehegt und gepflegt werden. Diesen Hofholunder betrachtete man als Sippenbaum, als Baum, in dem die Seelen der Ahnen und die Frau Holle, die ebenfalls in diesem Baum saß, die Familie vor Unglück und Schaden schützten.

FRAU HOLLE **UND DER HOLLER**

Frau Holle oder Holda nannte man diese Göttin und war der Meinung, dass ihr Name den gleichen Ursprung wie die noch heute gebräuchlichen Worte „hold“ oder „Huld“ habe und dass auch der Name des Holunders daher stammt. Die Holle ist die germanische Hel, die sich im Laufe des Jahres in zwei Gestalten zeigt: als Lichtjungfrau Brigid zu Beginn des Jahres und als Totengöttin Frau Percht im Winter. Im Frühjahr zeigt der Hollerstrauch weiße Blüten und im Herbst trägt er fast schwarze Beeren. Aus Sicht der Signaturlehre zeigt er also die Signatur des Mondprinzips und mit den dunklen Beeren und auch durch das trockene, spröde Holz seine Saturnsignatur. So zeigt uns der Holunder in seinem Wesen diese Gegensätze: Er ist der Strauch der Geburt und des Todes.
Der Holunder spielte als Baum der Totengöttin immer eine große Rolle in den keltischen, germanischen und slawischen Totenkulten. Bei der Totenwache trank die Vorbeterin Holunderblütentee, um nicht einzuschlafen. Vielerorts war es Brauch, die Verstorbenen auf Holunderzweige zu betten oder es wurde ein Kreuz aus Holunder in den Sarg gelegt. In Tirol trug man ein Kreuz aus Holunderholz vor dem Leichenzug und steckte es auf das frische Grab und wenn es zu grünen begann, was bei der Zähigkeit des Holunders leicht eintreten kann, galt dies als Zeichen, dass der Verstorbene in den Himmel eingegangen sei.

*Holunder (*Sambucus nigra*)*
(Foto: R. Szatkowski/shutterstock.com)

Der **Efeu**

Ein immergrünes Gewächs mit großer Symbolkraft ist der Efeu (*Hedera helix*) aus der Familie der Efeugewächse (Araliaceae). Er ist eine sehr ausdauernde Pflanze, die bis zu 20 Meter hoch klettern kann. Mit seinen Haftwurzeln kriecht der Efeu an Baumstämmen und Hausmauern empor, die er aber nur beschädigen kann, wenn bereits Risse vorhanden sind. Die Blätter sind höchst wandelbar, fünf- oder siebenlappig und die der blühenden Triebe eiförmig. Seine Altersform ist baumartig. In Griechenland war der Efeu dem Gott Dionysos geweiht, den er mit seinen Ranken vor den Blicken der rachsüchtigen Hera gerettet haben soll. Dionysos war auch der Gott des Weines und noch heute schmücken Winzer ihre Trinkstuben mit Efeuranken.

*Efeu (*Hedera helix*)*
(Foto: Imfoto/shutterstock.com)

ZAUBER UND **BRAUCHTUM**

Was der Efeu einmal umschlungen hat, gibt er nicht mehr frei und hält diesem Objekt seiner Zuneigung auch über dessen Tod hinaus die Treue. Daher galt der Efeu immer in erster Linie als ein Symbol der Treue, vor allem auch der ehelichen Treue. Aufgrund seiner „Anlehnungsbedürftigkeit" wurde der Efeu als weibliche Pflanze gesehen und zur ständigen Erinnerung an dieses Treuebewusstsein auch den Bräuten in den Hochzeitsstrauß gegeben. Wenn Grabstätten mit Efeu bepflanzt wurden, was im Übrigen noch heute üblich ist, war dies die Nutzung des Symbols der Treue und des ewigen Lebens.

Zauberhafte Gartenbeete – Erinnerungsgärtchen

Nicht nur auf das Grab sollte man Pflanzen setzen, deren Symbolkraft für Erinnerung steht. Auch im eigenen Garten könnte ein solches Plätzchen dazu dienen, sich all den Menschen und Angehörigen verbunden zu fühlen, die vielleicht weit fort oder schon von uns gegangen sind. Es sind primär die immergrünen Pflanzen, die als Symbole der Unsterblichkeit gelten, als Symbole der ewigen Erinnerung. Als Einfassung eines kleinen besinnlichen Erinnerungsgärtchens eignet sich die Thuja ebenso wie die Eibe.

Auch der Buchsbaum, ob in Form geschnitten, als Einfassung oder frei wachsend vor der Thuja-Kulisse, sollte mit seiner Symbolik von Treue und Liebe nicht fehlen.

Rosen symbolisieren die auch über den Tod hinaus dauernde Liebe. Um dies eindrucksvoll darzustellen, eignet sich die Strauchrose 'Schneewittchen'. Die historische Rose 'Versicolor' (*Rosa* 'Mundi') war die Lieblingsrose der Fair Rosamond, einer Geliebten Heinrichs II., die sie in ihrem Schlösschen kultivierte. *Acanthus mollis*, der Bärenklau, war bei den Griechen das Symbol des Lebens nach dem Tode, und Krokus und Narzissen die Pflanzen der Erinnerung an die Toten. Die Lilie soll als Gruß des Toten an die Hinterbliebenen oft von selber wachsen, die Jakobsleiter mit ihren himmelblauen Blüten wurde als Leiter zum Himmel gesehen. Ringelblume und Tagetes mit ihren gelben Blüten sind in Mexiko die Totenblumen und könnten mit ihrem strahlenden Gelb zum Himmel leuchten. Das Stiefmütterchen wird französisch „Pensée“, Gedenkemein, genannt und sollte daher ebenso im Erinnerungsgärtchen nicht fehlen.

Beetgröße: 5,0 x 3,0 m (Form abgerundet)

Erinnerungsgärtchen

Nr.	Pflanze	Stückzahl
1	*Thuja occidentalis*, Lebensbaum	8
2	*Buxus sempervirens,* Buchsbaum	4
3	Strauchrose 'Schneewittchen'	2
4	Historische Rose 'Versicolor' (*Rosa* 'Mundi')	1
5	*Taxus baccata*, Eibe	2
6	*Hedera helix*, Efeu	5
7	*Rosmarinus officinalis* Rosmarin	2
8	*Vinca minor*, Immergrün	10
9	*Lilium candidum*, Madonnenlilie	2
10	*Acanthus mollis*, Bärenklau	2

Nr.	Pflanze	Stückzahl
11	*Narcissus poeticus*, Narzisse	6
12	*Crocus* in Sorten, Krokus	6
13	*Polemonium caeruleum,* Jakobsleiter	6
14	*Convallaria majalis,* Maiglöckchen	14
15	*Viola cornuta* 'Molly Sanderson' Horn-Veilchen	12
16	*Viola odorata,* 'Königin Charlotte' Duft-Veilchen,	14
17	*Viola wittrockiana* Hybriden, Stiefmütterchen	20

Nr.	Pflanze	Stückzahl
18	*Lamprocapnos spectabilis*, Tränendes Herz	1
19	*Santolina chamaecyparissus,* Heiligenblume	10
20	*Carex conica* 'Hime Kansuge', Blauschwingel	4
21	*Luzula nivea*, Waldmarbel	4
22	*Calendula officinalis,* Ringelblume	10
23	*Tagetes* in leuchtend gelben Sorten, Studentenblume	20
24	*Sempervivum tectorum*, Hauswurz	6

Sympathiezauber gegen Krankheiten

Viele Pflanzennamen zeigen die Verwendung der Pflanzen zu Heilzwecken an. Beinwell (*Symphytum officinale*) und Fieberklee (*Menyanthes trifoliata*) oder Odermennig (*Agrimonia eupatoria*), das „Heilandskraut", weil er gegen alle Leiden helfen soll.
Es gab aber noch eine andere Form der Anwendung: Wenn die Mittel auf übernatürliche Weise wirken sollten, griff man auf die „sympathetische" Wirkung zurück. Dieser Sympathiemedizin lag ein magisches Weltbild zugrunde, in dem alles mit allem verbunden ist. Die Sympathieheilkunde lehrte, dass alles auf dieser Welt durch ein magisch-magnetisches Band miteinander verbunden sei, gegenseitig aber in einer Sympathie oder Antipathie stehe, die die Grundlage zur Übertragung von Krankheiten bilden soll. Es galt daher, zwischen dem Kranken und einer Pflanze eine sympathische Verbindung herzustellen, das heißt, die Pflanze an seinem Leiden teilhaben zu lassen. Entweder besaß die Pflanze die stärkeren Kräfte und besiegte das Leiden oder sie ging selbst zugrunde. Damit „starb" aber auch das Leiden und der Kranke konnte wieder gesund werden. Dabei war es meist nicht notwendig, die Heilpflanzen in üblicher Form anzuwenden, es reichte, wenn man sie in Form eines Amuletts bei sich trug.

Gicht

Vor allem von Bäumen meinte man, dass sie viel Kraft hätten, Krankheiten und Beschwerden zu übernehmen: Die Fichte und die Birke galten schon immer als Pflanzen, die Gicht heilen können. Um Mitternacht ging der Betroffene mit seinen Krücken zu einer Birke und sagte: „Ich stehe hier vor Gottes Gericht und verknüpfe meine Gicht. Alle Krankheit am Leibe in dieser Birke bleibe." Dann konnte der Kranke hoffentlich ohne Krücken nach Hause gehen.

Fieber

Der Holunder wurde als besonders gut geeignet betrachtet, Krankheiten zu übernehmen: Holunderblütentee ist nicht nur fiebersenkend, sondern auch immunstärkend. Das Fieber wird in der Sympathiemedizin überhaupt oft genannt, vermutlich deshalb, weil man gerade dem Fieber dämonischen Ursprung zugeschrieben hat.

Warzen

Ein wichtiges Kapitel der Sympathiemedizin war das Vertreiben von Warzen. Auch heute noch empfinden die Menschen Warzen als bedrohlich, vor allem wegen ihrer geheimnisvollen Herkunft. Warzen erscheinen plötzlich, beginnen zu „blühen" und verschwinden dann meist von selbst. Früher gab es kundige „Wender", die vor allen auch Sympathiezauber anwendeten. Beispielsweise versuchte man früher Warzen mit grünen Nüssen zu vertreiben. Man rieb die lästigen Auswüchse mit der Nuss ein und vergrub diese dann unter einer Dachtraufe.
Dass man aber mit dem Milchsaft einiger Pflanzen wie dem Schöllkraut (*Chelidonium majus*), der Wolfsmilch (*Euphorbia cyparissias*) oder dem Löwenzahn (*Taraxacum officinale*) die Warzen schrumpfen lassen kann, wussten früher alle Kräuterfrauen. Auch heute ist dies noch gebräuchlich und man braucht eigentlich keinen Zauberspruch dafür. Der Milchsaft hat eine nekrotisierende, also gewebszerstörende Wirkung auf die Warzen.

*Salbei (*Salvia officinalis*)*
(Foto: imagesef/shutterstock.com)

Der **Salbei**

Der Salbei (*Salvia officinalis*) aus der Familie der Lippenblütler (Lamiaceae) wächst im Mittelmeerraum auf sonnigen Felsen hinter der Küste und sollte daher auch im Garten einen sonnendurchfluteten Platz erhalten. Salbei galt als Universalheilmittel, was sich sowohl in seinem lateinischen Namen Salvia, von „salvere“ = gesund sein, sich wohlfühlen, als auch im eingedeutschten „Salbei“ ausdrückt. Er galt auch als Mittel zur Unsterblichkeit, vermutlich weil ein großer Teil seiner Blätter grün überwintert, und wurde daher in vielen Lebenselixieren, Wundermixturen und Jungbrunnenwässerchen verarbeitet. Unsterblich machen kann Salbei nicht, doch viele der Volksanwendungen wie die „gegen Nachtschweiß“ konnten sich aufgrund seiner hormonell anregenden Wirkung bestätigen lassen.

HEILWIRKUNG

Ein Rezept war, an neun Tagen hintereinander Salbeiblätter zu essen, wobei man mit neun Blättern begann und täglich um ein Blatt reduziert. Durch diese tägliche „Abnahme“ der Salbeiblätter sollte auch das Fieber abnehmen. Der Salbei war nicht nur in der Sympathiemedizin eines der am häufigsten erwähnten Mittel, er erfreute sich auch sonst großer Wertschätzung. Ein berühmter Satz aus dem Heilkräuterwesen der Schule von Salerno (um 1300) weist darauf hin: *„Cur moriatur homo, cui salvia crescit in horto.“* (Warum soll der Mensch sterben, wenn Salbei in seinem Garten wächst?)

Pflanzenzauber gegen Schadenszauber

Schadenszauber, darunter verstand man jene Art von Zauber, die zum Schaden von Mensch und Vieh eingesetzt werden konnte. Man war ja von der Existenz dämonischer Wesen überzeugt. Die alten Götter und Naturgeister waren durch das christliche Weltbild plötzlich zu bedrohlichen Gestalten geworden. Die Alben waren in den keltischen Überlieferungen freundliche Elfen, doch nun waren sie Geister, die in der Nacht in die Schlafstuben schlichen und Albträume verursachten. Auch die Druden konnten den Schlaf stören. Darunter verstand man Geister meist weiblichen Geschlechts, die sich auf die Brust des Schlafenden setzten und so zu Albdrücken führten. Es gab auch die Vorstellung, dass manche Frauen vom Schicksal zur Drude bestimmt waren und ihre Seelen nachts den Körper verließen und als Druckgeister Mensch und Tier quälen.

Mutterkorn
(Foto: PHOTO FUN/shutterstock.com)

Mutterkorn

Der „Bilwis" war der Korndämon, der dem Getreide Schaden zufügen konnte. Er war der „Unhold", der „Windgassen" in das Getreide legte und giftiges Mutterkorn ausstreute. Mutterkorn ist die überwinternde Form des Kornpilzes *(Claviceps purpurea)*, das, wenn es in größerer Menge im Getreide zu finden war, zu epidemieartig auftretenden Vergiftungen führte. Es ist leicht vorstellbar, dass man solche Vergiftungen, deren Ursache nicht ersichtlich war, dem Treiben von Hexen und Dämonen zuschrieb. Die wahren Hexen, die weisen Frauen, kannten das Mutterkorn allerdings sehr gut, denn sie gebrauchten das hochgiftige Mittel in der Geburtshilfe. Die Mutterkornalkaloide haben zwei antagonistische Wirkungsprinzipien: Einerseits sind sie Wehen anregend, andererseits stillen sie die Nachgeburtsblutungen. In der modernen Medizin ist Mutterkorn ein unverzichtbares Medikament nicht nur in der Geburtshilfe geworden, wo die beiden antagonistisch wirkenden Alkaloide getrennt und isoliert angewendet werden. Die halluzinogene Wirkung

*Alpen-Kuhschelle (*Pulsatilla alpina*)*
(Foto: Neijia/shutterstock.com)

Auch die Silberwurz (*Dryas octopetala*) und die Alpen-Kuhschelle (*Pulsatilla alpina*) haben ähnliche zerzauste Fruchtperücken und werden aus diesem Grund ebenfalls Teufelsbart oder Hexenbesen genannt.
Doch was war das alles im Vergleich zu den bösen Werken, die man den Hexen zuschrieb? Die Kuh gab keine Milch? Natürlich, sie wurde heimlich von der Hexe gemolken. Die kräuterkundige Weise Frau, die auch als Hebamme fungierte, war plötzlich aufgrund ihres Wissens verdächtig geworden. Aus der heilbringenden Frau war nun die „Malefica", die Schadenszauberin, geworden.

des Mutterkorns hat Albert Hofmann erforscht. Es handelt sich um Lysergsäure, die später als synthetisch hergestelltes LSD zu zweifelhaftem Ruhm kam.

Teufelsabwehr

Der Glaube an die Existenz des Teufels war in diesen spätmittelalterlichen Zeiten allgegenwärtig: Das Böse ist immer und überall, diesen Spruch kennt man schließlich auch heute noch. Da man den Teufel nicht auf den ersten Blick als solchen erkennen konnte, war es notwendig, Methoden zu entwickeln, mit denen man sich gegen ihn wehren konnte. Doch der Fürst der Hölle musste sich gefallen lassen, dass die Menschen ihn überlisteten, und was konnte da hilfreicher sein als Zauberpflanzen?

Pflanzen gegen Schaden

Der Teufelsabbiss (*Succisa pratensis*) erhielt seinen Namen daher, weil ein junger Arzt seine Seele mithilfe der Pflanze vor dem Teufel bewahren konnte, worauf dieser im Zorn die Wurzel abbiss. Die „Flora diabolica" nennt noch weitere Pflanzen. Die Kriechende Nelkenwurz (*Geum reptans*), die auf Schutthalden und Hochgebirgswiesen wächst, hat einen Fruchtstand, der einem zerzausten Haarschopf gleicht, weshalb sie auch Teufelsbart oder Grantiger Jager genannt wurde.

Berufkräuter

Eine besondere Kategorie von Gegenzaubermitteln stellen die sogenannten Berufkräuter dar. Darunter verstand man nicht Kräuter, die Erfolg im Beruf herbeizaubern sollten, sondern Kräuter wider den Zauber des „Berufens" oder „Beschreiens".
Das Berufen konnte durch Zaubersprüche, böse Worte oder abfällige Bemerkungen erfolgen. Zu viel Lob tut auch nicht gut, rühmendes Hervorheben von Glück oder Schönheit bringt Unheil, ist man auch heute noch oft überzeugt. Heute muss man sich eher gegen neidische Arbeitskollegen und eifersüchtige Nachbarn schützen und das Berufen hat eine neue Form angenommen – als Mobbing ist es allgegenwärtig.

Kräuter gegen allerlei Schaden

Die Gundelrebe

Die Gundelrebe (*Glechoma hederacea*) aus der Familie der Lippenblütler (Lamiaceae) wächst, wenn man sie lässt, in jedem Garten und kann lückenhafte Stellen in schattigen Bereichen einer Wiese mit ihrem kriechenden Wuchs und den rundlichen, aromatischen Blättchen bereichern. Ihren Namen hat sie, laut Jacob Grimm, von der wunderheilenden Walküre Gunir, althochdeutsch Gundja, die diese Pflanze als Heilmittel verwendet haben soll. Die Gundelrebe war eine alte germanische Heil- und Zauberpflanze. Die Menschen hielten sie für einen guten Pflanzengeist, den Gundermann, der bösen Zauber abhalten konnte.

Zauber und Wirkung

Der Gundelrebe schrieb man ganz besondere Zauberkräfte zu. Wenn die Kühe „verhext" waren und keine Milch gaben, so war der Gundermann hilfreich. Es ist kein Zauberspruch nötig, schon aufgrund der Inhaltsstoffe ist die Gundelrebe ein wertvolles Milch förderndes Viehfutter und könnte auch modern wirtschaftenden Bauern empfohlen werden.
Die Gundelrebe hatte noch eine besondere Funktion als apotropäische Pflanze. Sie sollte helfen können, Hexen zu erkennen. Heutzutage braucht man keinen Gundelrebenkranz zum Erkennen von Hexen, sie bieten ihre Dienste über Internetseiten an und erzählen mit Freude über ihre vermeintlichen Fähigkeiten in allen Medien. Vielleicht könnten aber Süppchen, mit Gundelreben gewürzt, helfen zu erkennen, wer einem gut oder schlecht gesonnen ist.

*Gundelrebe (*Glechoma herderacea*)*
(Foto: Laux)

Der Baldrian

Der Baldrian (*Valeriana officinalis*) aus der Familie der Baldriangewächse (Valerianaceae) liebt feuchte Wiesen und modrige Gräben, was vielleicht zu dem speziellen Geruch seines Wurzelstockes beiträgt. Mit seinen weiß-rosa Blütenschirmen, die luftig und leicht über den feinen Blättern „schweben", ist er aber wahrlich eine Pflanze Baldurs, des germanischen Lichtgottes, der auch zu seinem Namen beigetragen hat.

Dost (Origanum vulgare)
(Foto: Lopatin Anton/shutterstock.com)

Der Dost

Eine ganz wichtige Pflanze zum Schutz gegen „Hex und Teufel" war der Dost (*Origanum vulgare*) aus der Familie der Lippenblütler (Lamiaceae).
Diese aromatische Pflanze, die man nicht mit den als Gewürzkraut für südländische Gerichte wie Pizza verwendeten griechischen Oregano-Arten verwechseln sollte, wächst wunderschön rosa blühend überall, wo die Sonne ihre Kraft wirken lassen kann, also an Böschungen, Waldrändern und auf trockenen Wiesen. Auch wenn man keine Angst vor dem Teufel hat, kann nur empfohlen werden, den Garten mit Dost zu bereichern. Seine von Schmetterlingen umgaukelten und von Bienen umsummten Blüten können so wahrlich „wohlgemut" machen.
Früher nannte man den Dost „Wohlgemut", weil „die Pflanze Freude und guten Mut in den Menschen erwecke", wie die Kräuterkundigen überzeugt waren. „Nicht nur, dass er böse körperliche und geistige Einflüsse vom Menschen fernhalte, den Teufel zur Flucht treiben … half, er … verlieh Lust zur Arbeit und gab dem Herzen Zufriedenheit", schreibt Erna Zimmerer in ihrem Kräutersegen. Dem Dost wurde durch die Jahrhunderte die Fähigkeit zugeschrieben, „Hex und Teufel" vertreiben zu können und das Böse vom Menschen abzuhalten.
Viele Sagen ranken sich um den Teufel, der mit Dost vertrieben werden konnte, wenn er junge Mädchen verführen wollte. Der Dost wirkt vor allem dann besonders zauberabwehrend, wenn man ihn mit anderen Kräutern kombiniert. Er war eine der Pflanzen, die als „Bettstroh" die Wöchnerin vor bösen Einflüssen schützen sollten, und gehörte auch zu den Kräutern für den Himmelfahrtsstrauß.

Baldrian (Valeriana officinalis)
(Foto: jopelka/shutterstock.com)

Offenbar wegen seines eigenartigen Geruches galt der Baldrian seit alters als kräftiges Schutzkraut gegen Hexen und Teufelszauber. Der getrocknete Wurzelstock des Baldrian riecht nämlich keineswegs aromatisch, sondern aufdringlich und eher unangenehm, manche erinnert er an Katzenharn.

Knoblauch (Allium sativum)
(Foto: Chris Alleaume/shutterstock.com)

Es sind auch die Katzen, die außer sich geraten, wenn sie diese Wurzel riechen.
Die Nasen der Hexen, dachte man, würde dieser Geruch aber beleidigen und zur Umkehr zwingen, und auch der Teufel suche fluchtartig das Weite, wenn irgendeines seiner auserkorenen Opfer Baldrian bei sich hätte.
Um zu erkennen, ob Dämonen oder Hexen das Zimmer betraten, hängte man ein Bündel Baldrian frei schwebend an die Zimmerdecke. Diese „Unruhe“ begann sofort zu kreisen, wenn die Unholde – natürlich ohne die Tür zu öffnen – in den Raum gedrungen waren.
Wie auch andere stark duftende Kräuter galt der Baldrian als Mittel gegen die Pest und andere ansteckende Krankheiten. Daher wurde den Neugeborenen oft Baldrian in das erste Badewasser gegeben, um sie vor seuchenartigen Krankheiten zu schützen.
Heilwirkungen schrieb man dem Baldrian viele zu: gegen Seitenstechen, zur Stärkung der Augen, gegen Rückenschmerzen und den „kalten Seich“ (Harn). Gegen Ängstlichkeit und nervöse Zustände wurde der Baldrian auch empfohlen und diesen Rat kann man auch in der heutigen Zeit weitergeben.

Der **Knoblauch**

Der Knoblauch (*Allium sativum*) aus der Familie der Lauchgewächse (Alliaceae) wurde seit Jahrtausenden als Kulturpflanze angebaut und genutzt, etwa im alten Ägypten. Die Israeliten wollten auf diesen Genuss nicht verzichten und brachten ihn bei ihrer Flucht aus Ägypten mit ins Heilige Land. Die germanischen Völker nutzten viele wild wachsende Laucharten wie den Bärlauch. Den Knoblauch lernten sie erst durch die Römer kennen. Er ist im „Capitulare de villis“ angeführt und war das wichtigste Heilmittel des Landvolkes. Knoblauch sollte gegen Schlangenbisse schützen und bei Zahnweh helfen. Auch gegen Irresein wurde ein Trank empfohlen, der aus Knoblauch und Weihwasser hergestellt wurde und aus einer Kirchenglocke getrunken werden sollte. Geisteskrankheiten galten als angezaubert und Knoblauch sollte gegen diesen Zauber wirken.
Ganz besonders geschätzt war der Knoblauch als Schadenszauber abwehrende Pflanze. In Rumänien wurden dem Toten Knoblauchzehen in den Mund gelegt, damit der Knoblauch vor Vampirbissen geschützt war. Auch vor den Auswirkungen des bösen Blickes sollte er bewahren und Bräute, die ja dem Neid böser Geister beson-

Knoblauchzehen
(Foto: Eugenia Lucasenco/shutterstock.com)

ders ausgesetzt waren, trugen bei der Trauung unter der Achsel Knoblauch, Brot und Petersil, was hoffentlich die Ausdünstungen des Knoblauchs etwas milderte. Wenn man früher ein Kind wegen seines hübschen Aussehens über den grünen Klee lobte, mussten die Eltern „Knoblauch, Knoblauch“ rufen, damit das Kind nicht von den Elben verschrien wurde.

Liebstöckel, Weinraute und Pfingstrose

Nicht so weit gehen musste die Hausfrau, wenn sie sich gegen Zauber wehren wollte. Viele aromatische Küchenkräuter konnten ihr helfen, wenn sie vorhatte, Brot zu backen. Wenn man Dill zum Backofen mitnimmt, dann kann der Teig nicht behext werden. Liebstöckel *(Levisticum officinale*) half ebenfalls gegen Unheil aller Art. Außerdem schützte er vor „Hexenschuss“, aber zusätzlich auch gegen Schlangenbiss und anderes giftiges Getier.

Die stärkste antidämonische Kraft schrieb man der Weinraute (*Ruta graveolens*) zu. Um das Gemüse vor bösen Einflüssen zu schützen, setzte man Rauten dazu. Auch heute findet man noch in vielen Küchengärten Rautenpflanzen, die aufgrund ihres eigenartigen Geruches eigentlich nie als Küchengewürz verwendet werden. Auf Befragen, wozu die Pflanze denn dann hier wachse, erhält man oft mit verschmitztem Blick von der Bäuerin als Antwort, dass sie primär zum Schutz des Gemüses vor bösen Geistern diene. Zu den Pflanzen, die dem Teufel und seiner Gefolgschaft besonders unangenehm sind, gehörte die Pfingstrose (*Paeonia officinalis*). Vor allem die Samen sind dem dämonischen Volk zuwider. Noch bis in viel spätere Zeit hat sich die Sitte erhalten, Kindern Pfingstrosensamen in die Wiege zu legen und Ketten aus diesen Samen um den Hals zu hängen. Das sollte vor dem nächtlichen Aufschrecken schützen und auch zahnenden Kindern helfen.

*Weinraute (*Ruta graveolens*)*
(Foto: emer/fotolia.com)

Dornensträucher und Wacholder

Schon seit der Antike galten Dornensträucher im Volksglauben als besonders antidämonisch. Die frühen Siedlungen waren zum Schutz vor Dämonen und Geistern mit Dornenhecken umgeben und Dornen streckten sich den unerwünschten Eindringlingen aus dem „Reich des Bösen“ abwehrend entgegen. Schlehdorn (*Prunus spinosa*) und Weißdorn (*Crataegus oxyacantha*), Hundsrose (*Rosa canina*) und Kreuzdorn (*Rhamnus cathartica*) sollten alles Böse abhalten. Um Gespenster und Unholde fernzuhalten, befestigte man eine Dornenrute am Haus oder über dem Stall, denn man dachte, dass solch unerwünschte Besucher bereits zu zittern beginnen würden, wenn sie der Dornen ansichtig wurden. Auch Teufel und Hexen würden weichen, denn die Dornen waren ja auch Bestandteil der Dornenkrone Christi.

Der **Wacholder**

Wacholder (Juniperus communis)
(Foto: Tamara Kulikova)

Leider sind sie selten geworden, diese Landschaften, in denen der Wacholder und das Heidekraut dominieren, und es wäre eine Frage des Naturschutzes, sie zu erhalten. Es gibt wohl kaum eine Heilpflanze unserer Heimat, die so häufig in Märchen, Sagen und Legenden vorkommt wie der Wacholder (*Juniperus communis*) aus der Familie der Zypressengewächse (Cupressaceae). Unzählig sind auch seine Namen. Wacholder entwickelte sich vermutlich aus dem althochdeutschen Weckholder oder Queckholder. Als Wach-Halter könnte man ihn bezeichnen, denn „queck“ heißt wach, munter, man denke an erquicken. Man meinte, dass die anregenden Heilkräfte des Wacholders auch noch Schwerstkranke am Leben erhalten konnten und Sterbenden wurde mit dem Wacholder eine Rückkehr ins Leben in Aussicht gestellt. Auch in vielen Märchen tritt der Wacholder als wieder zum Leben erweckender Strauch auf. Berühmt ist das Grimm’sche Märchen vom Machandelbaum (Mandelbaum), das von einer bösen Schwiegermutter erzählt, die den Sohn schlachtet, doch aus dem Nebel, der aus einem Wacholderbaum strömt, entsteigt das Kind als schöner Vogel.

Der Wacholder galt als Wundermittel gegen vielerlei Gebrechen und der Rauch von Wacholderkraut oder -holz vertrieb nicht nur Ungeziefer und Schlangen, sondern auch alle bösen Geister. Der Wacholder konnte den Teufel und seine Hexen bannen. Um die Milch vor dem Verhexen zu schützen, sollte man sie mit einem Wacholderstock rühren.

Zauberkräuter

An Wegrainen und in trockenen Wiesen wächst eine Pflanze, der man so starke Wirkung gegen das Beschreien zusprach, dass sie Berufkraut (*Erigeron acris*, Scharf-, Berufkraut) genannt wurde. Man sollte es aber nicht mit dem kanadischen Berufkraut (*Erigeron canadensis*) verwechseln, das erst viel später bei uns eingewandert ist und aufgrund seines Samenreichtums zu einer echten Plage wurde. Die Indianer verwendeten es als blutstillende Heilpflanze und durchaus auch gegen Zauber, ob aber kanadische Zauberkräfte gegen heimische böse Zungen helfen, müsste erst erprobt werden.
Das heimische Berufkraut, das auch blaue Dürrwurz genannt wurde, dürfte da eher verlässlich sein. „Die Weiber pflegen dies Kraut den Kindern in die Wiege zu legen und wollen sie hiermit von Zauberey bewahren". Es war auch üblich, die Kinder mit einem Absud von Berufkraut zu waschen. Wurde das Wasser daraufhin gallertartig, war es klar, dass das Kind beschrien war. Dann kochte man das Berufkraut ab, sagte dreimal den Namen Gottes und wusch das Kind nochmals, damit der Zauber weiche.
Das Berufkraut wurde auch im Stall aufgehängt, um das Vieh zu schützen.

Baden in Berufkraut ist eine Möglichkeit, sich gegen Berufen oder auch den „bösen Blick" zu schützen, einfacher scheint es für moderne Menschen zu sein, ein Amulett oder einen Talisman mit Berufkraut herzustellen und ständig bei sich zu tragen, dann könnte man hoffen, gegen böse Geister und missgünstige Menschen geschützt zu sein.
Andere Kräuter, die sich als Berufkraut bewährt haben, sind die Kohldistel (*Cirsium oleracea*), die im Volksmund Verwaschkraut genannt wurde. Auch das Leinkraut (*Linaria vulgaris*), die Betonie, die Sumpfschafgarbe (*Achillea ptarmica*) oder der Rainfarn (*Tanacetum vulgare*), die durchaus leicht zu finden sind, könnte man als Hilfe gegen böse Neider versuchen.

Apotropäische Pflanzen

Apotropäische Pflanzen nennt man solche, die Zauber abwehren können. Das Wort stammt von „apotropaios"= griech. abwenden" ab. Diese Pflanzen sollten vor allen Formen von Schaden durch Verhexung schützen und ihre Zahl war groß. Es wurde sowohl wild wachsenden Kräutern und vor allem Bäumen als auch Heil- und Gewürzpflanzen aus dem eigenen Garten helfende Wirkung zugeschrieben.

*Berufkraut (*Erigeron acre*)*
(Foto: Laux)

Zauberhafte Gartenbeete – Apotropäischer Blumentopf

Türkränze sind heute als dekorative Zierde am Hauseingang sehr populär, ohne dass sich die Besitzer deren Bedeutung als Ringzauber, der Unheil abwehren soll, bewusst sind.
Noch stärker könnte ein Blumentopf mit einer Maske und zauberabwehrenden Pflanzen beim Eingang wirken. Masken wurden und werden noch immer bei vielen Völkern dieser Welt verwendet. Sie dienen zur Vertreibung von Unheil und bösem Zauber, weshalb sie in Afrika als „Fallen für Geister" bezeichnet werden. Viele Keramikkünstler bieten heute Masken an, die – da frostbeständig – jahraus, jahrein ihre schützende Wirkung entfalten können.

So gelingt's

Wählen Sie einen ausreichend großen Blumentopf oder Pflanzenkübel, in dessen Mitte eine Maske prangt, und setzen Sie dazu die Pflanzen, denen die stärkste zauberabwehrende Wirkung zugesprochen wurde: Baldrian, Dost und Dill. Auch Johanniskraut und Weinraute schützen vor bösen Energien, der Farn gilt universell als Zauberpflanze und die Gundelrebe hilft vielleicht zu erkennen, wer einem wirklich wohlgesonnen ist. Das Immergrün war den Kelten eine magische Pflanze, die die eigene Kraft stärken sollte und Grün auch im Winter bringt. Dazu könnte man zu dieser Zeit den Topf mit Zweigen der zauberkräftigen Mistel und mit Wacholder dekorieren.

Apotropäischer Blumentopf

Nr.	Pflanze	Stückzahl
1	*Valeriana officinalis*, Baldrian	2
2	*Polystichum aculeatum*, Schildfarn	1
3	*Ruta graveolens*, Weinraute	1
4	*Origanum vulgare*, Dost	1
5	*Hypericum perforatum*, Johanniskraut	1
6	*Anethum graveolens*, Dill	1
7	*Glechoma hederacea*, Gundelrebe	5
8	*Vinca minor*, Immergrün	3

Zauberhafte Gartenbeete – Energiespirale

Vor dem Teufel und seiner Gefolgschaft hat kaum jemand mehr Angst. Negative Energien, die man früher als Schadenszauber verstanden hat, sind aber auch heute noch allgegenwärtig. Bösartige Nachbarn, Gehässigkeiten und Kleinkrieg von eifersüchtigen Arbeitskollegen, heute Mobbing genannt, kosten Kraft. Die Spirale wird als jene Form betrachtet, die aller Energie zugrunde liegt, von der DNA, der Erbsubstanz, über die Elektrobewegungen bis zu Wasserstrudeln. Die Spirale ist Symbolzeichen unendlicher Bewegung und der Erneuerung des Lebens.
Ein Beet in Spiralform kann daher helfen, Energie aufzubauen. Wenn es mit Pflanzen bewachsen ist, die eine vor negativen Energien schützende Wirkung haben sollen, müsste es besonders viel innere Stärke vermitteln können.
Die Pflanze, die namentlich als Berufkraut bezeichnet wird, kennen die meisten Menschen nur als „Unkraut", das sich noch dazu entsetzlich aussät. Vermutlich wird sie in Saatgutkatalogen kaum zu finden sein, da sie aber überall wächst, kann man sie leicht finden und in der Spirale ansiedeln. Allerdings muss sie in ihrer Ausbreitung durch stetes Entfernen eingeschränkt werden.

Pflanzen gegen bösen Zauber

Baldrian, Johanniskraut, Beifuß, Dost und Weinraute, das sind die klassischen Pflanzen, die gegen bösen Zauber schützen. Ebenso wirken Farnkraut und Eisenkraut. Als Berufkräuter gegen negative Sprüche und bösen Blick helfen Leinkraut und Labkraut. Alle diese Pflanzen zählen zwar zu den Wildpflanzen, sie können aber auch in Beeten durchaus dekorativen Reiz ausüben.

Energie-spirale

Nr.	Pflanze	Stückzahl
1	*Glechoma hederacea*, Gundelrebe	7
2	*Origanum vulgare*, Dost	12
3	*Hypericum perforatum*, Johanniskraut	5
4	*Valeriana officinalis*, Baldrian	7
5	*Ruta graveolens*, Weinraute	2
6	*Paeonia officinalis*, 'Rubra Plena', Pfingstrose	1
7	*Dryopteris filix-mas* Wurmfarn	5
8	*Artemisia vulgaris*, Beifuß	3
9	*Gentiana cruciata*, Kreuzenzian	3
10	*Erigeron annua*, Berufkraut (Ersatz: *Erigeron* 'Karvinskianum', Dauerblüher)	3
11	*Betonica officinalis*, Betonie	7
12	*Linaria vulgaris*, Leinkraut	7
13	*Tanacetum vulgare*, Rainfarn	3
14	*Verbena officinalis*, Eisenkraut	7
15	*Galium verum*, Labkraut	7

Allerlei Pflanzenzauber

Vielfältig, dachte man, ist die Wirkung von Zauberpflanzen. Sie sollten sowohl Erwünschtes herbeizaubern als auch Übel fernhalten. Karg war das Leben der meisten Menschen in früheren Zeiten, groß daher der Wunsch, reich zu werden oder wenigstens Hunger und Not zu entgehen. Glücksbringende Kräuter sollten dabei helfen.
Man sprach ihnen unterschiedliche Wirkungen zu, wobei auch die Signatur eine wichtige Rolle spielte. Bei geheimnisvollen und begehrten Pflanzen wie der Alraune brachte der Besitz alleine schon Glück. Andere wie das Tausendguldenkraut sollten helfen, Geld zu vermehren. Mit Springwurz gewappnet war es möglich, geheime Schätze zu finden, und Schöllkraut und Frauenmantel sollten helfen, Gold herzustellen. Wenn man dann noch eine passende Wünschelrute vom Haselstrauch hatte, war es möglich, alles zu finden, was der Mensch so brauchte.

Fliegenpilz (Amanita muscaria)
(Foto: Marek M./fotolia.com)

Geldzauber

Man sollte nach dem Gänsefingerkraut (Potentilla anserina) Ausschau halten, denn es ist eine anthropochore Pflanze (griech. Anthropos = Mensch, choreia = Tanz), also eine „Pflanze, die mit dem Menschen tanzt", weil sie ihm überallhin folgt. In jedem Garten lässt sich Gänsefingerkraut finden, in der Wiese oder am Wegrand, man muss sich nur bücken, denn auffällig ist die Pflanze nicht. Aber stark ist sie, was sogar der botanische Name Potentilla ausdrückt, darin steckt das lateinische Wort „potentia" für Kraft. Wer nämlich diese Pflanze in die Schuhe legte, durfte sicher sein, die Oberhand in der Ehe zu erlangen. Etwas komplizierter war es, wenn man mit Gänsefingerkraut zu Geld kommen wollte: Man pflücke mit einem geerbten Messer (ein anderes ist wirkungslos!) am Johannistag um zwölf Uhr mittags ein Blatt, ohne es mit der Hand zu berühren (!?), und lasse das Blatt sofort in die Geldtasche gleiten.

Glücksbringende Pflanzen

Die **Alraune**

Es ist Glück, wenn es gelingt, die Alraune (*Mandragora officinarum*) aus der Familie der Nachtschattengewächse (Solanaceae) im Garten zu kultivieren – sie gedeiht auf trockenen Böden, verträgt keine Staunässe im Winter und ist nur mit viel Geschick winterhart.
Glücksmännlein nannte man die Alraunwurzel, und ihr glücklicher Besitzer konnte darauf hoffen, dass sie zu Geld und Ehren verhelfen würde.
Allerdings musste man vorher sehr viel investieren, denn mit den Alraunwurzeln wurde ein schwunghafter Handel betrieben und ihr Preis war hoch. Je menschenähnlicher die Wurzel war, desto teurer war sie, und nur solche sollten Glück bringen. Man musste dieses „Wichtelmännlein“ auch besonders pflegen: „Wenn der Erdmann mit warmem Wasser und Wein gebadet ist, besprenge Haus und Vieh mit dem Badewasser“, steht in dem Brief eines geachteten Leipziger Bürgers aus dem Jahr 1575 zu lesen.
Der Alraun brachte Glück und verdoppelte in stiller Nacht neben ihn gelegtes Geld. Er schützte vor jeder Art von Schadzauber und „wenn du zu Gericht gehst, so stecke den Erdenmann unter den rechten Arm und du bekommst eine gerechte Sach, sei sie Recht oder Unrecht“, schrieb der schon erwähnte Leipziger Bürger. Es gab fast nichts, zu dem der Alraun nicht imstande war. Natürlich wollte jedermann ein derartiges Wundermittel besitzen.
Die Folgen blieben nicht aus: Nicht nur, dass die *Mandragora*, die Alraunwurzel, manchmal mit Gold aufgewogen wurde, auch mussten alle möglichen Wurzeln herhalten, um als Alraune zu gelten.

*Alraune (*Mandragora officinarum*)*
(Foto: Miriam Wiegele)

*Zaunrübe (*Bryonia dioica*)*
(Foto: Werner Hilpert/fotolia.com)

Die **Zaunrübe**

Besonders häufig wurde die Zaunrübe (*Bryonia dioica*) aus der Familie der Kürbisgewächse (Cucurbitaceae) als Alraunwurzel verkauft. Dieser Wurzel musste nicht einmal durch Schnitzen ein anthropomorphes Aussehen gegeben werden; die Zaunrübe hat meist auch eigenartig geformte Wurzeln. Bei den slawischen Völkern stand sie als Amulettpflanze in hohem Ansehen.
Es wurde als glücksbringend betrachtet, wenn die Zaunrübe in Hof oder Garten wuchs, und die Pflanze musste gut behandelt werden, da sie sich sonst rächte und statt Glück Unheil brachte.
Eine Zaunrübe im Garten anzusiedeln ist nicht allzu schwer, sie liebt eher trockene Böden und kann mit ihrem kletternden Wuchs Zäune überwuchern.

Wenn man die Wurzel ausgrub, musste man eine Münze oder ein Stück Brot als Dankesopfer auf die Erde legen. Die ausgegrabene Wurzel wurde in Milch gebadet und in ein Tuch eingehüllt im Haus aufbewahrt. Auch als Liebeszaubermittel wurde die Pflanze verwendet. Eher abzuraten ist davon, sich durch den Genuss der Wurzel von angezauberter Liebe zu befreien – man dachte, dass die stark abführende Wirkung auch die nicht gewollte Liebe „abführen" könne.

Der **Wiesenklee**

Als Glücksbringer schlechthin gilt seit jeher der Klee, auch wenn ihn manche „Rasengärtner" weniger als Glück empfinden. Wegen der Dreizähligkeit seiner Blätter war der Wiesenklee (*Trifolium pratense*) aus der Familie der Schmetterlingsblütler (Fabiaceae) schon in frühesten Zeiten eine Symbolpflanze. Für die Kelten war der Klee ein Glückssymbol.

Der irische Nationalheilige St. Patrick machte daraus für die „heidnischen" Inselbewohner ein christliches Symbol der Dreifaltigkeit, indem er verdeutlichte, dass beim Klee drei Blättchen einem gemeinsamen Stiel entwachsen. Das Kleeblatt wurde so sehr zu einem irischen Symbol, dass man es auch in die Flagge aufnahm.

Der Klee kann gelegentlich Mutationen zeigen und wächst dann zwei-, vier-, fünf-, sechs- oder sogar siebenblättrig. Für die Kelten hatte jede Zahl der Kleeblätter eine besondere Bedeutung.

*Wiesenklee (*Trifolium pratense*)*
(Foto: Nella/shutterstock.com)

Glück oder Unglück?

Vielfach gilt Klee mit mehr als vier Blättchen als unheilbringend. Für die Inselkelten, die Iren, ist das nicht der Fall: Ein fünfblättriges Kleeblatt verhilft zu Ruhm, ein sechsblättriges macht reich und ein siebenblättriges garantiert langes Leben und Wohlergehen.

Der **Fliegenpilz**

Warum der Fliegenpilz (*Amanita muscaria*) (siehe Seite 153) aus der Familie der Freiblättler (Amanitaceae) gemeinsam mit vierblättrigem Klee, Hufeisen und rosigen Schweinen zum Gückssymbol wurde, ist nicht ganz klar.

*Fliegenpilz (*Amanita muscaria*)*
(Foto: Agris Krusts/shutterstock.com)

Einerseits wird der Fliegenpilz als Rauschmittel und giftige Pflanze verdammt, andererseits ist er ein beliebtes Motiv in Kinderbüchern. Wer *Alice im Wunderland* allerdings genauer liest, kann auch einiges über die halluzinogene Wirkung erfahren. Je nachdem, von welcher Seite des Pilzes Alice ein Stück abbricht, wird sie größer oder kleiner. Das kann so erklärt werden, dass die Wirkstoffe des Fliegenpilzes alles was groß ist, kleiner erscheinen lassen, oder was kleiner ist, größer erscheinen lassen, Metamorphopsie nennt man das. Vermutlich ist es ganz einfach das wunderschöne Aussehen des Fliegenpilzes und der Versuch, seine wahre magische Bedeutung zu verniedlichen, weshalb der Pilz zu einem „harmlosen" Glücksbringer „umfunktioniert" wurde.

*Pimpernuss (*Staphylea pinnata*)*
(Foto: Laux)

Das **Tausendguldenkraut**

Einigen Pflanzen wurde ganz speziell die Zauberkraft zugesprochen, Geld vermehren zu helfen. Auch die Alraune zählt zu ihnen. Wenn eine Pflanze Tausendguldenkraut genannt wird, vermutet man doch, dass sie vielleicht zu tausend Gulden, sprich: zu Reichtum verhelfen könne. Doch der Name hat mehr mit der Heilwirkung der Pflanze zu tun. Als die Erinnerung an die heilkundigen Zentauren, die für die ursprüngliche Namensgebung verantwortlich waren, verloren ging, versuchte man den Namen logisch zu deuten: „Centum" heißt auf Lateinisch hundert, „aurum" Gold. Also wurde die Pflanze zum Hundertguldenkraut, da man seine Heilkraft aber sehr schätzte, wurde der Name zu Tausendguldenkraut aufgewertet.
Wild wachsend ist das Tausendguldenkraut (*Centaurium erythraea*) aus der Familie der Enziangewächse (Gentianaceae) schon selten geworden, man sollte ihm daher im eigenen Garten einen Platz in sonnigen Beeten einräumen.

*Tausendguldenkraut (*Centaurium erythraea*)*
(Foto: Martin Fowler/shutterstock.com)

Die **Pimpernuss**

Sinnvoll könnte sein, einen Pimpernuss-Strauch (*Staphylea pinnata*) aus der Familie der Pimpernussgewächse (Staphylaceae) in den Garten zu pflanzen, da er wild wachsend nur selten zu finden ist. „Glücksnüsschen gefällig?", pflegten die herumziehenden Kräuterleute zu fragen und ließen dabei kleine, nussartige Gebilde in der Hand rasseln. Die Frucht der Pimpernuss ist eine kugelig aufgeblasene Kapsel, in der sich steinharte, kugelrunde Samen befinden, die als „Glücksnüsse" gehandelt wurden. Allerdings musste man, um wirklich Glück zu haben, eine Kapsel suchen, die genau sieben Nüsschen enthielt, und auch von diesen musste man die richtige aussuchen. Wer allerdings diese „Richtige" in seiner Geldbörse trug, durfte sicher sein, dass ihm das Glück nie ausging.

Haselrute (Corylus avellana)
(Foto: Thomas Klee/shutterstock.com)

Die **Haselrute**

Wenn nun all diese Zauberkräuter doch nicht verhindern konnten, dass Ebbe in der Geldbörse herrscht, sollte man sich vielleicht doch besser auf die Suche nach Schätzen machen. Der erste Weg dazu könnte die Suche nach einer Wünschelrute sein. „Die Wünschelrute ist ein Gabelzweig, vorzugsweise vom Haselstrauch, oder ein metallisches, gebogenes Gerät, das in der Hand geeigneter Personen, den Rutengängern, zum Aufsuchen unterirdischer Vorkommen von Wasser, Erzen und ähnlichem dienen soll", so nachzulesen in *Meyers Konversationslexikon* 1976. Wünschelruten kannten die Chinesen schon vor über 5 000 Jahren und die Etrusker hatten Aquileges (Rutengänger), die mit Haselruten verborgene Quellen aufdeckten. Auch heute noch gilt bei den Radiästheten die Haselrute (*Corylus avellana*) aus der Familie der Birkengewächse (*Betulaceae*) als bester Energiestromleiter. Nicht jeder ist feinfühlig genug, um unterirdische Strahlungen mithilfe solcher Wünschelruten orten zu können. Doch vielleicht könnte es helfen, wenn man die Rute nach den alten Empfehlungen schneidet, damit sie eine echte „wunschiligerta" (von wünschen, zaubern), also eine Zauberrute ist.
Soll die Hasel als Wünschelrute wirksam sein, sollte man die magischen Pflanzenzeiten zum Schneiden nutzen, die Sonnwendzeiten und die Kreuz-Viertel-Tage. Unter diesen ist am wirkungsvollsten der Abend der Walpurgisnacht und die Mitternacht zu Johanni. Traditionell benutzte man kein metallenes Messer zum Schneiden, sondern eine Flintsteinklinge.

Die **Mistel**

(siehe auch unter Kapitel Sagenhafte Kräuter)

Einfach zu finden ist die Mistel (*Viscum album*) aus der Familie der Mistelgewächse (Viscaceae) (siehe Seite 18), da sie oft auf Obstbäumen wächst. Mit ihrer Hilfe glaubte man ebenfalls, verborgene Schätze finden zu können, Schlösser zu sprengen, und auch Diebe, dachte man, könnten damit dingfest gemacht werden.

Das **Christophskraut**

Das Christophskraut (*Actaea spicata*) aus der Familie der Hahnenfußgewächse (Ranunculaceae) ist nach dem Nothelfer Christophorus benannt, der zum Erlangen von Reichtümern und beim Schatzgraben angerufen wurde. „Christoffeln" nannte man daher das Schatzgraben mithilfe des Heiligen. Man betrachtete ihn auch als Meister aller Dämonen, der guten wie der bösen. Mit seiner Hilfe konnte man daher die Geister beschwören, die verborgene Schätze bewachen. Natürlich war das Christophskraut beim „Christoffeln" hilfreich, wenn man die Pflanze an die Stelle legte, wo man Schätze vermutete. Der sie bewachende Geist musste weichen, und der Zugang wurde frei.

Christophskraut (Actaea spicata)
(Foto: Laux)

Die **Schlüsselblume**

Die Schlüsselblume (*Primula veris*) aus der Familie der Primelgewächse (Primulaceae) hat ihren Namen daher, dass an der Stelle in einer Wiese, wo der richtige Schlüssel zum Öffnen der Himmelspforte versehentlich hinfiel, plötzlich Blumen zu sprießen begannen, die an einen Schlüssel erinnern. Den Zugang zum Himmel kann man mithilfe der Pflanze dennoch nicht finden, wenn man sich nicht durch frommen Lebenswandel dessen würdig erweist. Jedoch wird von der Schlüsselblume in vielen Sagen erzählt, dass sie helfen könnte, Schätze zu finden. Eine Legende erzählt, dass die goldgelbe Blume einem Hirten das Felsentor zu einem Schatz öffnete. Geblendet und abgelenkt durch das viele Gold, ließ er aber die Blume im Berg liegen, obwohl ihm die Schlüsseljungfrau zurief: „Vergiss das Beste nicht!“ So konnte der Hirte nie mehr zu den Schätzen zurückkehren, die Tür blieb ihm für immer verschlossen.

*Schlüsselblume (*Primula veris*)*
(Foto: Scisetti Alfio/shutterstock.com)

Die **Weißwurz**

*Salomonssiegel (*Polygonatum odoratum*)*
(Foto: brzostowska/shutterstock.com)

Auch wenn das Christophskraut oder die Schlüsselblume im Ruf standen, beim Heben von Schätzen zu helfen, die Ehre, die sagenhafte Springwurz zu sein, kam in erster Linie dem Salomonssiegel (*Polygonatum odoratum*) aus der Familie der Mäusedorngewächse (Ruscaceae), wie die Weißwurz genannt wird, zu. Mit ihm soll der Sage nach König Salomon die Felsen gesprengt haben, die beim Bau seines Tempels im Wege standen. Doch nicht jede Weißwurz ist eine Springwurz, denn sie ließ sich nicht von einem Menschen finden. Doch es gab einen Trick: Man musste einem Specht den Eingang in seine Nisthöhle entweder mit einem Keil oder Lehm verschließen. Der holte sich dann eine Springwurz und machte damit den Weg zu seinen Jungen frei. Durch den Lärm, den diese daraufhin verursachten, ließ der Specht Springwurz erschreckt fallen. Vielleicht kann diese Springwurz nicht nur Felsen sprengen, sondern auch den Jackpot beim Lottospielen!

Zauberhafte Gartenbeete – Glücksgärtchen

Vielleicht haben Sie Bäume im Garten, die von Misteln befallen sind? Ärgern Sie sich nicht darüber, denn Sie könnten dort ein Glücksgärtchen anlegen. Es kann dafür aber auch ein eher schattiger Winkel des Gartens genutzt werden. Denn es sind vor allem die Farne, denen man die Zauberkraft zusprach, das Geld nie ausgehen zu lassen. Da es so viele dekorative Arten gibt, könnte ein Farngärtchen ein wundervoll entspannender und gleichzeitig glücksbringender Platz im Garten werden. Schatten liefern Haselsträucher, die man auch zum Schneiden von Wünschelruten nutzt, und die Pimpernuss mit ihren „Glücksnüsschen". Ob das Salomonssiegel tatsächlich zum Heben verborgener Schätze dient, wird sich zeigen, wenn man es im Schatten der Sträucher sich selbst ausbreiten lässt. Auch das Christophskraut zum Erlangen von Reichtümern fühlt sich im Schatten wohl.

Am Wegesrand, der zur Bank führt, können sich das Gänsefingerkraut und das Tausendguldenkraut zur Bereicherung der Geldbörse ansiedeln lassen, und auch die Schlüsselblume zum Sprengen aller Hindernisse zum Geldsegen sollte sich dort wohlfühlen.

Den vierblättrigen Klee muss man zufällig finden, damit er Glück bringt. Nett aussehen könnte aber eine aus Hohlziegeln gemauerte Sitzbank, in der man heimischen Sauerklee wachsen lässt. Er hat zwar nur drei Blätter, doch kann man beim Träumen von Reichtum an den sauren Blättern knabbern, die durstlöschend wirken.

Beetgröße: 6,0 x 3,0 m

Glücksgärtchen

Nr.	Pflanze	Stückzahl
	Eventuell ein Baum im Garten, der von Misteln befallen ist, ansonsten	
1	*Corylus avellana*, Haselstrauch	3
2	*Staphylea pinnata*, Pimpernuss	2
3	*Polygonatum odoratum*, Salomonssiegel	5
4	*Polygonatum odoratum* var. *pluriflorum* ‘Variegatum’	2
5	*Polygonatum* x Hybr. ‘Striatum’	2

Nr.	Pflanze	Stückzahl
6	*Actaea spicata*, Christophskraut	2
7	*Actaea pachypoda*, Christophskraut	2
8	*Adianthum pedatum*, Frauenhaarfarn	2
9	*Athyrium filix-femina*, Frauenfarn	3
10	*Dryopteris affinis*, Goldschuppenfarn	8
11	*Onoclea sensibilis*, Perlfarn	2
12	*Osmunda regalis*, Königsfarn	4

Nr.	Pflanze	Stückzahl
13	*Polystichum aculeatum*, Schildfarn	2
14	*Primula veris*, Schlüsselblume	24
15	*Centaurium erythraea*, Tausenguldenkraut	12
16	*Potentilla anserina*, Gänsefingerkraut	8
	Einfassung der Bank:	
17	*Oxalis acetosella*, Waldsauerklee	30

Zauberpflanzen – für die Hellsichtigkeit

Ein Blick in die Zukunft des Schicksals zu werfen, sei es des eigenen oder eines fremden, wer möchte das nicht? Bei allen Völkern und in allen Religionen gab es Seher und Propheten. Viele waren hoch geachtet, aber es entspricht der menschlichen Natur, Übernatürliches zu wünschen und es gleichzeitig zu fürchten, ja als Werk dämonischer Kräfte zu verteufeln. Da nicht jedem die Fähigkeit der Hellsichtigkeit gegeben ist, versuchte man auch unter Zuhilfenahme von Zauberpflanzen, zu solchen Imaginationen zu kommen.

Zukunftsweisende Kräuter

Im Volksglauben besonders bekannt und beliebt waren Kräuter, deren Wirkung so hellsichtig machte, dass man den Teufel und sein Gefolge trotz Verkleidung erkennen konnte. Diesen Kräutern sprach man dann auch gleich zauberabwehrende Wirkung zu. Der Baldrian zählt zu diesen Pflanzen. Ein anderer Rat für Wahrsager wäre, einen Absud aus Wacholderbeeren zu machen und zu trinken. In alpenländischen Kräuterbüchern wurde dem Wacholder zugesprochen, dass er Blinde sehend machen kann und darüber hinaus die Gabe verleiht, in die Zukunft zu sehen. Wie gesagt, wenn es nicht hilft, schadet es nicht allzu sehr, denn was man konkret von einem Wacholdertee erwarten kann, ist, dass er harntreibend und stoffwechselanregend wirkt.

Was ist „Hellsehen"?

Hellsehen definiert man als bildliches Wahrnehmen von entfernten Objekten oder anderen Zeiten. Pflanzen mit halluzinogenen Wirkstoffen können solche Bilderwelten entstehen lassen, doch auch viele andere Pflanzen helfen in der Hand kundiger Menschen, hellsichtiger und feinfühliger zu werden. Hier können nur einige anekdotische Ratschläge gegeben werden, die, wenn sie nicht helfen, mit Sicherheit nicht schaden.

Echter Wurmfarn (Dryopteris filix-mas)
(Foto: kosik/shutterstock.com)

Das **Farnkraut**

Das Farnkraut (*Dryopteris filix-mas*) aus der Familie der Wurmfarngewächse (Dryopteridaceae) mit seinen zierlichen Wedeln, die sich aus wunderschönen Spiralen entrollen, zog schon immer die Aufmerksamkeit der Menschen auf sich. Botanisch wurde dabei nicht unterschieden, denn geheimnisvoll sind alle Farne.
Farne vermehren sich, ohne Blüten und Früchte zu entwickeln, und sie wachsen im dämmrigen Waldschatten, der als Aufenthaltsort der Kobolde und Wichtel gesehen wurde. Gerade das Fehlen der Blüten und das urplötzliche Auftreten von goldglänzenden Sporenhäufchen auf der Unterseite der Blattwedel, aus denen hellgelber Staub rieselt, erregte die Aufmerksamkeit der Menschen und beschäftigte ihre Fantasie. Dass dieser Staub nicht die richtigen „Samen" der Pflanze sein können, hat man schon gewusst, doch wo waren dann die wirklichen Samen des Farnkrauts? Wenn sie sich so geheimnisvoll verbargen, konnten sie doch nur mithilfe geheimnisvoller Rituale gewonnen werden und mussten besonders starke Zauberkräfte in sich tragen. Tatsächlich werden erst durch Einwirkung des Wassers Archegonien und Antheridien vereint und bilden dann den Vorkeim, das so genannte Prothalium, aus dem die neue Pflanze entsteht.
Die Johannisnacht war besonders günstig zur Gewinnung der begehrten „Farnsamen". Wer die „Farnsamen" besaß, konnte in seinem Beruf so tüchtig sein wie 20 Männer. Zum Geld gelegt, bewirkte es, dass dieses nie ausging. Dem Jäger verhalfen sie zum nie fehlenden Schuss. Unedle Metalle ließen sich mit ihnen zu Gold und Silber verwandeln. Beim Kartenspiel bekam man alle Trümpfe in die Hand. Sie schützten vor Zaubereien und hielt Blitz und Unwetter ab.
Besonders begehrt waren die „Farnsamen" aber deshalb, weil sie ihren Träger mit einer Tarnkappe bedecken, also unsichtbar machen konnten. Im Sinne eines Analogiezaubers dachte man, dass ein Same, der „unsichtbar" ist, selbst unsichtbar machen müsse. Wer den Wunsch verspürt, unsichtbar zu sein, dem ist vielleicht damit geholfen, wenn er alle Zauberpflanzen bei sich trägt, denen die Wirkung des Unsichtbarmachens zugesprochen wurde: ein bisschen Alraunenwurzel, ein vierblättriges Kleeblatt, eine weiß blühende Wegwarte und natürlich noch Farnkraut.

Der **Baldrian**

Vom Baldrian (*Valeriana officinalis*) aus der Familie der Baldriangewächse (Valerianaceae) wird berichtet, dass er von Wahrsagerinnen verwendet wurde, weil er Hellsichtigkeit verleihen soll. Eigentlich zählt der Baldrian zu den Pflanzen, die Schadenszauber abwehren. Im Besonderen sollte er aber dazu verhelfen zu erkennen, wer zur Gefolgschaft des Teufels zählte, also hellsichtig machen. Da das Gewerbe der Zukunftsdeuterinnen auch heute noch ausgeübt wird, sei folgender Ratschlag aus alten Zeiten gegeben: Erst einmal muss man erkennen, welche Baldrianpflanze weiblich und welche männlich ist. Dann setzt man Baldrian und Baldrine in zwei verschiedene Töpfe. Die stellt man vor den Kunden und lässt in jeden Topf Geldstücke legen. So verhilft der Baldrian zu unfehlbaren Aussagen über die Zukunft oder zumindest zu einer üppigen Bezahlung.

*Baldrianwurzel (*Valeriana officinalis*)*
(Foto: Laux)

Pflanzenzauber für Haus und Hof

Die Sorge um Haus und Hof, um Saat, Frucht und Ernte spielte im Leben der Menschen schon immer eine wichtige Rolle. Kein Wunder, dass man auch hier auf die zauberkräftige Wirkung von Pflanzen hoffte, sei es, um Schadenszauber abzuwehren oder um die himmlischen Mächte gnädig zu stimmen, damit das Wetter eine gute Ernte bescherte.

Die Gewitterpflanzen

Ein Gewitter ist ein beeindruckendes Erlebnis, das den Menschen seine Machtlosigkeit gegenüber den Naturgewalten besonders stark verspüren lässt. Verständlich, dass man in früheren Zeiten hoffte, sich mit allerlei Zauber und Pflanzen dagegen schützen zu können. Manchen Kräutern sprach man zu, dass sie den Blitz anziehen würden, andere dagegen sollten das Gewitter vertreiben. Als „blitzgefährlich“ erschienen meist Pflanzen mit roten Blüten. Der feuerrot blühende Klatschmohn (*Papaver rhoeas*) galt als besonders blitzanziehend, doch ganz im Sinne des Sympathiezaubers war man im Alpenland davon überzeugt, dass der Mohn ebenso vor dem Einschlagen schützen könne. Die dunkelrosa blühende Kornrade (*Agrostemma githago*) durfte trotz ihrer attraktiven Blüten nicht in die Johannissträuße gegeben werden, da sie den Blitz anziehen sollte. „Blitznägele“ nannte man im Alpenland den Frühlingsenzian (*Gentiana verna*), den man auf keinen Fall ins Haus bringen durfte. Zu warnen ist auch davor, Alpenrosen (*Rhododendron ferrugineum*) bei sich zu tragen – wer es tut, den kann der Blitz erschlagen.

Eine Geschichte erzählt von einer Sennerin, die des Nachts von einem fürchterlichen Gewitter aufgeweckt wurde. Mitten unter einem Donnerkrachen hörte sie die Stimme ihres Geliebten. Sie eilte, ihm die Tür zu öffnen, doch weit und breit war niemand zu sehen. Am nächsten Tag fand sie den Ärmsten, vom Blitz erschlagen, und er hielt noch immer ein Sträußchen Alpenrosen in der Hand.

Eine prachtvolle Pflanze unserer Berge ist die Feuerlilie (*Lilium bulbiferum*). Auch sie wurde Donnerblume genannt und man sollte sie nicht ins Haus bringen. Ihre leuchtend orangeroten Blüten erinnern in ihrer Leuchtkraft an einen Blitzstrahl und daher dachte man, dass die Feuer-Lilie ihn anziehen würde.

Weidenkätzchen, die am Palmsonntag mit anderem frischen Grün ihre kirchliche Weihe erhielten, wurden in die Felder gesteckt, als Schutz gegen Gewitter, Hagel und Sturm. Einige Zweige behielt man im Haus, und wenn ein Gewitter drohte, streute man die getrockneten Blütenkätzchen der Weiden auf den Herd. Der dadurch entstehende Rauch sollte dann die dunklen Gewitterwolken vertreiben.

Auch die Haselrute galt als wirksam, den Himmelsstrahl abzuwehren. Haselzweige, die zu Mariä Heimsuchung (2. Juli) geschnitten wurden, steckte man gegen Blitzschlag ins Fenster.

Die Brennnessel war in der altgermanischen Mythologie dem Gewittergott Donar zugeordnet. Die berühmteste Gewitterpflanze war aber die Arnika. „Steckt Arnika an, steckt Arnika an, dass sich das Gewitter scheiden kann“, musste man rufen und einige getrocknete Arnikablüten verbrennen oder damit räuchern.

Blitzanziehende Pflanzen

Alpenrose, Feuerlilie, Frühlingsenzian, Klatschmohn, Kornrade

Gewitterabwehrende Pflanzen

Arnika, Johanniskraut, Brennnessel, Hauswurz, Weidenzweige, Haselrute

Hauswurz besiedelt ein Dach
(Foto: Laux)

Die **Hauswurz**

Jupiter und Donar waren Blitzeschleuderer und Donnerer – und Hauswurz (*Sempervivum tectorum*) aus der Familie der Dickblattgewächse (Crassulariaceae) auf dem Dach sollte den Blitz vom Haus fernhalten. Karl der Große befahl in seinem „*Capitulare de villis*: „... und der Landmann hat auf seinem Haus die Hauswurz zu haben."
Dass die Hauswurz, die auch Donnerwurz genannt wurde, seit jeher eine Blitzabwehrende Wirkung zugesprochen wurde, kann man folgendermaßen erklären: Die Hauswurz-Rosetten mit all ihren Spitzen der einzelnen Blättchen könnten die elektrische Spannung, die bei einem Blitz entsteht, über das Dach verteilen. Moderne Blitzableiter bestehen heutzutage aus Büscheln fein zugespitzter Drähte, sind also den Blattspitzen der Hauswurz nachempfunden.
Aus der Hauswurz kann man übrigens auch eine Salbe gegen Verbrennungen machen. Besonders wirkungsvoll kann sie sein, wenn man die Hauswurz in der Zeit zwischen dem ersten Blitz und dem darauffolgenden Donner erntet. Eine Salbe aus dem Saft soll gegen Sommersprossen helfen, ganz sicher sorgt sie aber für weiche Haut. *Sempervivum* ist der botanische Name der Hauswurz, und das bedeutet „immer lebend", die ausdauernde Pflanze ist daher Symbol für ewiges Leben. Wenn sie blüht, kann das zweierlei bedeuten: Blüht sie schneeweiß, kündigt das Tod an, blüht sie rot, heißt das viel Glück. Verdorrt die Hauswurz, so wird sich im Haus alles ändern. Auf dem Stalldach tut sie gute Dienste, sie schützt die Tiere vor Seuchen und fördert die Milchleistung. Angeblich soll der Saft der Hauswurz die Manneskraft stärken, kein Wunder, dass viele Frauen früher Hauswurz in das Getränk des Gatten gaben.
Hildegard von Bingen warnte vor dem Genuss, da die Hauswurz die Begierde bei Mann und Frau entbrennen lasse.

Zauberhafte Gartenbeete – Hauswurztreppe

Auf modernen Dächern wird es vermutlich schwierig sein, Hauswurz anzusiedeln. Es gibt aber eine Fülle von Hybriden, alle äußerst dekorativ anzusehen, sodass es lohnt, sie rund ums Haus zu pflanzen. Hauswurzen sind so genügsam, dass sie auch direkt auf Beton wachsen, wenn man ihnen nur Spuren von Erde zukommen lässt. Eine Hauswurztreppe wirkt sehr dekorativ, wenn man die Pflanzen in unterschiedlichen Gefäßen kultiviert. Hohe zylinderförmige Töpfe könnten quasi „Blitzableiterfunktion" übernehmen. In Kräutertöpfen mit seitlichen Pflanzöffnungen wächst eigentlich nur Hauswurz sehr zufriedenstellend. Flache Schüsseln und quadratische Gefäße, Urnen und tulpenähnliche Steinvasen – es gibt jede Menge nützlicher Pflanzgefäße. Man kann aber auch Recycling betreiben, alte Suppentöpfe mit Hauswurzen bepflanzen und sogar die Scherben von Tontöpfen können genutzt werden. Wenn man keine Stiege hin zum Haus hat, ist es möglich, ein Hauswurzgärtchen in einem Steintrog anzulegen.

Hauswurz-steintrog

Nr.	Pflanze	Stückzahl
1	*Sempervivum*-Hybr. 'Alpha' grün mit braunen Spitzen, mittel	1
2	*Sempervivum*-Hybr. 'Commander Hay' braunrot mit grün, groß	1
3	*Sempervivum*-Hybr. 'Mondstein' bernsteinfarben, mittel	2
4	*Sempervivum*-Hybr. 'Othello' purpur mit grüner Spitze, groß	1
5	*Sempervivum*-Hybr. 'Rotkopf', graurot, groß	1
6	*Sempervivum*-Hybr. 'Rubin', rubinrot, mittel	1
7	*Sempervivum*-Hybr. 'Seerosenstern' grün mit brauner Spitze, groß	1
8	*Sempervivum*-Hybr. 'Nemrud Dagh' grün mit roten Spitzen, mittel	1
9	*Sempervivum arachnoideum*, Spinnwebhauswurz	2
10	*Sempervivum ruthenicum*, Fettblatthauswurz kleine, grüne Rosette	3
11	*Sempervivum tectorum* 'Bicolor' grün und bräunlich, groß	1

Hauswurz-treppe

Nr.	Pflanze	Stückzahl
1	*Sempervivum*-Hybr. 'Alpha' grün mit braunen Spitzen	20
2	*Sempervivum*-Hybr. 'Ankogel' rostbraun, behaart	10
3	*Sempervivum*-Hybr. 'Commander Hay' braunrot mit grün	8
4	*Sempervivum*-Hybr. 'Gamma', braun	10
5	*Sempervivum*-Hybr. 'Jubilee' grün, leicht behaart	12
6	*Sempervivum*-Hybr. 'Mondstein', bernsteinfarben	14
7	*Sempervivum*-Hybr. 'Othello' purpur mit grün	12
8	*Sempervivum*-Hybr. 'Rotkopf', graurot	5
9	*Sempervivum*-Hybr. 'Rubin', rubinrot	7
10	*Sempervivum*-Hybr. 'Seerosenstern', grün mit braun	6
11	*Sempervivum*-Hybr., 'Smaragd', bräunlich	4
12	*Sempervivum arachnoideum* Spinnenwebhauswurz	6
13	*Sempervivum montanum*, Berghauswurz	4
14	*Sempervivum ruthenicum*, Fettblatthauswurz	6
15	*Sempervivum tectorum*	3
16	*Sempervivum tectorum* 'Atroviolaceum', grün mit rot	6
17	*Sempervivum tectorum* 'Bicolor' grün und bräunlich	6
18	*Sempervivum tectorum* 'Pseudoornatum' weinrot	10

Länge der Treppe: ca. 3,5 m

je 1 Stück

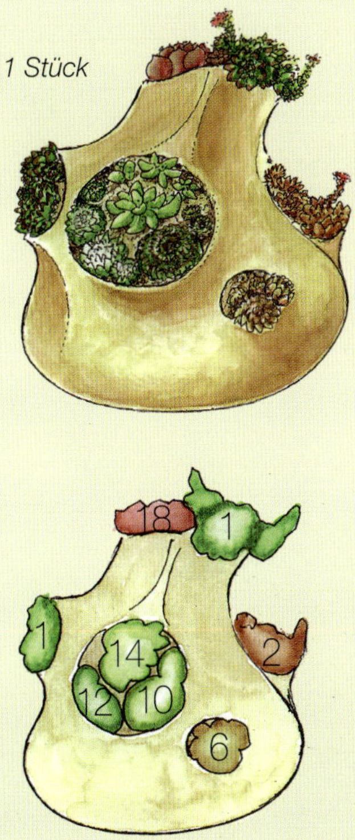

Pflanzliche Wetterpropheten

Jahrhundertelang waren es genaue Beobachtungen der Menschen, die dazu verhalfen, das Wetter „vorherzusehen“. Man verstand noch die Zeichen der Natur zu deuten, beobachtete den Mond und die Sterne, das Tierverhalten und man kannte die „Sprache der Pflanzen“. Weil die Pflanze sich in einem natürlichen Kreislauf befindet, ist sie in der Lage, Luftdruckschwankungen, Temperaturveränderungen und Witterungseinflüsse wahrzunehmen und darauf zu reagieren, noch lange bevor der Mensch diese erkennen kann. Aufmerksame Menschen können daher durch Beobachtung der Pflanzen und ihrer Reaktionen feststellen, welches Wetter bevorsteht. Allerdings sind diese Reaktionen von Pflanze zu Pflanze unterschiedlich und daher für den Menschen nicht leicht erkennbar. Meist dient dieses Verhalten dem Selbstschutz der Pflanzen und soll sie vor Wetterschäden bewahren.

*Gewöhnliche Vogelmiere (*Stellaria media*)*
(Foto: gresei/shutterstock.com)

Sonnenkraut und Blumenuhr

Ein verlässlicher Wetterprophet ist die Ringelblume. Albertus Magnus, Gelehrter und Arzt im Mittelalter, nannte sie „sponsa solis“, Sonnenbraut, zu denen er auch die Kamille, das Gänseblümchen, den Löwenzahn und die Wegwarte zählte. Sie alle richten sich stark nach der Sonne, sie drehen sich nach ihr, öffnen ihre Blüten bei Sonnenaufgang und schließen sie zu bestimmten Sonnenzeiten. Deshalb kann man diese Blumen auch als zeitaussagende Blumenuhren nutzen.
Die Ringelblume ist eine echte Sonnenbraut: Ihre Blüten symbolisieren die Sonnenscheibe und zu Sonnenuntergang schließt sie ihre Blüten. Diese Blume öffnet ihre Blüten daher nur bei Sonnenschein.
„Wetterglas des armen Mannes“ nannte man Acker-Gauchheil (*Anagallis arvensis*), denn wenn die Luft feucht ist, öffnet er seine Blüten nicht und „verschläft“ den dunklen Regentag. Auch die Vogelmiere (*Stellaria media*) zeigt das Wetter an. An schönen Tagen öffnet sie ihre Blüten um neun Uhr morgens und schließt sie um neun Uhr abends. Öffnen sich die Blüten ganz, wird es in den nächsten vier Stunden nicht regnen, bleiben die Blüten

geschlossen, braucht man sicher einen Regenmantel.
Die Ackerwinde (*Convolvulus arvensis*) und ihre wunderschönen Verwandten, die Prunkwinden (*Ipomoea tricolor*), öffnen die Blüten im Sommer ebenso wenig, wenn schlechtes Wetter bevorsteht, wie der Milchstern (*Ornithogalum umbellatum*) im Frühjahr. Auch die Wegwarte (*Cichorium intybus*) prophezeit sonniges Wetter, ist aber auch ein verlässlicher Zeitanzeiger, da sie ihre Blüten zwischen vier und fünf Uhr morgens öffnet und gegen Mittag schließt. Regen kündigt der Sauerklee (*Oxalis acetosella*) an, indem er seine Blätter zusammenfaltet und die Blattstiele aufrecht stellt. Ebenso macht dies die Esparsette (*Onobrychis viciaefolia*), ein durchaus dekorativ rosa blühender Schmetterlingsblütler.

Duft, der den Regen prophezeit

Lindenblüten (Tilia cordata) duften noch intensiver, wenn Regen zu erwarten ist und auch Birken (Betula pendula) strömen dann einen besonders würzigen Geruch aus. Nachtviolen (Hesperis matronalis) erfüllen die Nacht mit äußerst intensivem Duft und das Labkraut (Galium verum) entwickelt einen fast betäubenden Geruch, wenn Regen im Anzug ist.

Buschwindröschen (Anemone nemorosa)
(Foto: Anna Grigorjeva/shutterstock.com)

Schönwetterpropheten

Schönwetterpropheten sind neben der Ringelblume auch das Buschwindröschen (*Anemone nemorosa*), ein reizender Frühjahrsblüher, der sich leicht in Gärten ansiedeln lässt. Die kleine Bibernelle (*Pimpinella saxifraga*), die mit hochstehenden Blättern, Stängeln und Blüten die Sonne erwartet, hilft noch dazu, wenn nasskaltes Wetter zu Erkältungen führt, als Tee gegen Husten.

Die **Eberwurz**

Eine Pflanze, die das Wetter so verlässlich vorhersagen konnte, dass sie auch Wetterdistel genannt wurde, ist die Eberwurz (*Carlina acaulis*) aus der Familie der Korbblütler (Asteraceae). Sie wächst oft in großer Zahl auf Magerwiesen, steinigen Hängen und Weiden und schmückt diese mit ihren Silbersonnen. Auf einer von Stacheln starrenden Blattrosette sitzt der große Blütenkorb, von einem Strahlenkranz silbrig glänzender Hüllblätter umgeben. Im Garten könnte man ihren Anblick in sonnigen, eher trockenen Beeten genießen.

Eberwurz (Carlina acaulis)
(Foto: Laux)

DIE **„WETTERVORHERSAGE“**

Bei sonnigem Wetter sind die Hüllblätter der Eberwurz weit geöffnet. Wenn feuchtes, regnerisches Wetter droht, schließen sie sich, um die Blüten vor Nässe und Kälte zu schützen. Dies hat mit Zauber nichts zu tun. Durch Luftfeuchtigkeit, Wärme und Licht entstehen Spannungsunterschiede, die das Öffnen und Schließen der Blütenknöpfe bewirken. Die Eberwurz ist also nichts anderes als ein Hygrometer, ähnlich wie die Fichtenzapfen, deren Schuppen bei trockenem Wetter auseinander klaffen, bei nasser Witterung aber glatt zusammenschließen.

ZAUBER UND **BRAUCHTUM**

Die Eberwurz wurde auch als Zauberpflanze geschätzt. Wer diese Wurzel bei sich trug, sollte über die Kraft von zwölf Männern verfügen, und alten Männern empfahl man Eberwurz, in Wein gesotten, als Kräftigungsmittel: „Wer das einnimmt, wird stark wie ein Eber.“ Selbst die Kraft von Pferden könnte auf den Menschen übergehen, wenn man mit einer Eberwurz im Mund in einen Pferdestall geht. Der Name Eberwurz bezieht sich aber nicht auf die Kraft spendende Wirkung, sondern darauf, dass man meinte, die Schweine vor Rotlauf schützen zu können, wenn man eine Eberwurz auf den Trog nagelt. Auch die Kühe sollten mehr Milch geben und vor Verhexung geschützt sein, wenn man ihnen mit einer Eberwurz dreimal über den Rücken strich.

Zauberhafte Gartenbeete – Wetterprognosebeet

Es ist nicht Zauberei, sondern eine einfache physikalische Tatsache, dass Pflanzen uns kurzfristig das Wetter vorhersagen können. Schwieriger ist es mit langfristigen Prognosen: Wie wird der Winter? Wann kommt der erste Schnee? Ein gemischtes „meteorologisches Beet“ hilft vielleicht, die Pflanzen genauer zu beobachten und dadurch wieder zu lernen, dass der Mensch auch Teil der Natur ist.

Die Ringelblume beispielsweise ist nicht nur eine wahre Sonnenzeigerin, sondern auch eine schöne Gartenblume. Gauchheil und Vogelmiere zählen dagegen zu den Pflanzen, die von fleißigen Gärtnern oft als „Unkräuter“ eliminiert werden. Es gibt aber keine Pflanzen, die nicht irgendeinen Nutzen haben, und so kann dieses Beet vielleicht zu einem naturkundlichen Musterprojekt werden. Doch keine Sorge, Pflanzen wie Frauenmantel, Königskerze und Prunkwinde sorgen dafür, dass das Beet dekorativer Mittelpunkt des Gartens wird. Der Platz für das Beet muss in voller Sonne sein. Ein weiterer Effekt kann entstehen, wenn das Beet in Sonnenform angelegt wird. Pflanzen können aber noch mehr, als nur das Wetter prophezeien. Manche helfen, auf eine Uhr zu verzichten, weil sie zu bestimmten Zeiten ihre Blüten öffnen oder diese zu gewissen Stunden wieder schließen. Die Wegwarte öffnet die Blüten um vier Uhr morgens und schließt sie gegen Mittag, die Blüten blicken immer gegen Osten, man erspart sich also einen Kompass. Sie zeigen Schönwetter an, denn nur dann öffnen sich ihre Blüten. Als dekoratives Element für Freunde von Nachmittagstees sollte in dieser Rabatte eine Zierpflanze nicht fehlen, die Wunderblume, in England „four-o'clock-plant“ genannt, weil sie erst am Nachmittag ihre duftenden Blüten öffnet.

Wetter-prognosebeet

Nr.	Pflanze	Stückzahl
1	*Populus tremula*, Zitterpappel	1
2	*Calendula officinalis*, Ringelblume	81
3	*Anagallis arvensis*, Gauchheil	7
4	*Stellaria media*, Vogelmiere	7
5	*Cardamine pratensis*, Schaumkraut	7
6	*Oxalis acetosella*, Waldsauerklee	7
7	*Ornithogalum umbellatum*, Milchstern	5
8	*Onobrychis viciaefolia*, Esparsette	5
9	*Galium verum*, Labkraut	6
10	*Alchemilla vulgaris*, Frauenmantel	18
11	*Anemone nemorosa*, Buschwindröschen	5
12	*Pimpinella saxifraga*, Kleine Bibernelle	5
13	*Carlina acaulis*, Silberdistel, Eberwurz	9
14	*Verbascum densiflorum*, Königskerze	5
15	*Agrimonia eupatoria*, Odermennig	9
16	*Convallaria majalis*, Maiglöckchen	5
17	*Viola odorata*, Veilchen	7
18	*Arum maculatum*, Aronstab	5
19	*Colchicum autumnale*, Herbstzeitlose	7
20	*Calluna vulgaris*, Heidekraut	7
21	*Hesperis matronalis*, Nachtviole	18
22	*Ipomoea tricolor* 'Heavenly Blue', (Prunkwinde, muss laufend zurückgeschnitten werden!)	7
23	*Cichorium intybus*, Wegwarte	8
24	*Mirabilis jalapa*, Wunderblume	3
25	*Oenothera biennis*, Nachtkerze	5

Orakelpflanzen für langfristige Wetterprognosen

Orakelpflanzen sollen helfen, Zukünftiges zu erfahren, um dann darauf vorbereitet zu sein. Beliebt waren in früheren Zeiten Liebesorakel oder auch Schicksalsorakel. Diese wurden vor allem in der Zeit der Jahreswende befragt, denn wer will nicht wissen, welches Schicksal ihn im nächsten Jahr erwartet?
Pflanzen dienten als Zeiger, mithilfe derer man voraussagen konnte, ob der Winter früh kommen oder ob ein regenreicher Sommer bevorstehen würde. Durch die genaue Beobachtung des Wetters entwickelten sich auch viele Bauernregeln, die lange belächelt, aber heute sogar von Meteorologen, vielleicht mit ein wenig Augenzwinkern, weitergegeben werden.
Auch der Bauernkalender dieser „guten alten Zeit" erfreut sich wieder großer Beliebtheit, weil die Meteorologen sich eher selten zu langfristigen Wetterprognosen entschließen können. Eine nicht geringe Rolle für den Bauernkalender spielen der Mond, die Tierkreiszeichen und auch die Planeten, die auf „sympathetischem" Weg die Pflanzen und ihr Gedeihen beeinflussen. Man sollte nicht nachsichtig über solche Erkenntnisse lächeln, haben sie doch alle den Hintergrund intuitiver Beobachtungsgabe.
Um zu erahnen, wie das Wetter und die Ernte im kommenden Jahr werden, mussten die Orakelpflanzen ständig befragt werden. Die Christrosen (*Helleborus niger*) beginnen mancherorts tatsächlich nach Weihnachten zu blühen, wenn sie aber exakt zu Weihnachten blühen, dann darf man ein fruchtbares Jahr erwarten. Es gab aber auch den Brauch, zwölf Blütenknospen der Christrose in eine Vase zu stellen. Die sich öffnenden Blüten prophezeiten gutes Wetter für den betreffenden Monat, die geschlossenen Blüten schlechtes. Wenn der Frühling ins Land zog und die Zeit der Aussaat naht, war es besonders wichtig, das Pflanzenorakel zu befragen, denn aus dem Blühen gewisser Frühlingspflanzen lässt sich auf eine frühe oder späte Ernte schließen.

Ernteorakelpflanzen

Holunder, Hundsrose, Maiglöckchen, Veilchen

Saatorakel für das Frühjahr

Den Odermennig (*Agrimonia eupatoria*) muss man schon im Vorjahr beobachten, denn er blüht den ganzen Sommer hindurch. Seine Blütenbildung sagt an, wie man es im Frühjahr mit der Saat halten soll. Stehen die unteren Blüten dichter entwickelt, dann sollte man mit dem Aussäen erst später beginnen, sind an der Spitze mehr Blüten, darf man eine frühe Saat wagen.

Ernteorakel

Das Veilchen (*Viola odorata*), eine der ersten Frühjahrsblumen, wurde als Ernteorakel genutzt: Wenn man vor Josephi (19. März) blühende Veilchen findet und der Buchenwald vor Walpurgis (30. April) ausschlägt, gibt es eine frühe Ernte.

Das Maiglöckchen (*Convallaria majalis*) verhalf zu folgender Erntedeutung: Wenn vor Georgi (23. April) Maiglöckchen zu sehen sind, die im Inneren der Blütenkrone rote Streifen haben, so wird die Ernte viel Arbeit und wenig Nutzen bringen.
Die Blüten der Hundsrose (*Rosa canina*) verheißen eine gute Weinernte, wenn sie vor Mariä Himmelfahrt reichlich blühen, ebenso wie dies der Holunder anzeigen kann.

Winterorakel

Eine Frage, die die Menschen aller Zeiten interessiert, ist die, wie wohl der Winter werden wird. Wer die Zeichen der Natur deuten kann, kann vielleicht eine Prognose wagen. Wenn der Augentrost (*Euphrasia* spec.) an der Pflanzenspitze besonders viele Blüten hat, ist mit einem frühen und strengen Winter zu rechnen.
Eine noch genauerer Auskunft kann einem das Beobachten der Königkerzenblüten geben. Tief am Stängel geordnete Blütenkränzchen bedeuten frühen Schnee. Folgt auf die erste Blütenreihe wieder eine Blattrosette, so ist nach dem ersten Schneefall eine längere Zeit nicht mit Niederschlägen zu rechnen. Stehen jedoch hoch am Stängel viele Blüten, dann stellen sich erst gegen Frühjahr hin Schneefälle ein. Überhaupt kann man je nach Tendenz der Königskerzen, wenige oder zahlreiche Blüten zu bilden, auf die Dauer des Winters schließen. Auch beim Heidekraut (*Calluna vulgaris*) zeigen reichliche Blüten bis an die Zweigspitzen einen strengen Winter an.
Ein schneereicher und sehr strenger Winter steht bevor, wenn der Germer (*Veratrum album*) besonders reichlich blüht und wenn die Herbstzeitlosen (*Colchicum autumnale*) schon früh zu blühen beginnen. Auch von der Fruchtbildung mancher Sträucher und Bäume kann man ablesen, wie der Winter wird. Sind die Früchte der Berberitze (*Berberis vulgaris*) lang und schmal, sollte es einen langen, aber milden Winter geben, sind sie dick und kurz, dann ist wiederum auch der Winter kurz, aber hart.
Viele Nüsse der Haselsträucher (*Corylus avellana*) ebenso wie viele Schlehen (*Prunus spinosa*) und Brombeeren (*Rubus fruticosus*) kündigen einen schneereichen, langen Winter an. Auch viele Eicheln bedeuten einen langen, strengen Winter mit viel Schnee, aber auch eine gute Ernte.

(Foto: Gunnar Assmy/fotolia.com)

Orakelpflanzen heute?

Wenn das Jahr zu Ende geht, beginnt der Kreislauf des Befragens und Beobachtens der Orakelpflanzen von Neuem. Vielleicht gelten die wetterprophezeienden Beobachtungen früherer Zeiten in einer Welt, in der sich so vieles geändert hat, nicht mehr hundertprozentig. Doch wenn wir den Pflanzen mit wachen Sinnen begegnen und sehen, wie sie sich an Veränderungen anpassen, so helfen sie zu erkennen, dass der Mensch noch immer Teil der Natur ist.

Pflanzenzauber gegen Laus und Maus

Läuse und Mäuse, Schnecken und Vögel, sie alle wollen zwar nur ein bisschen mitnaschen, sind aber das Lieblingsfeindbild jeden Gärtners. Es ist also nicht verwunderlich, wenn es auch zauberkräftige Ratschläge gegen diese Plagegeister gab.
Da man Mäuse, Ratten und Raupen entweder als elbische Wesen betrachtete, also als Zauberwesen in Tiergestalt oder Tiere, die durch übel meinende Wesen und Menschen zum Schaden herbeigezaubert waren, behalf man sich mit all den vielen Pflanzen, die gegen Schadenszauber schützen.
Zu Ostern geweihte Weidenzweige steckte man in Äcker und Gärten, um sie vor bösem Zauber zu schützen.

Auch die Johanniskräuter konnten nicht nur Hilfe gegen Blitz und Korndämon, sondern auch gegen alle Schädlinge, die der Ernte zur Gefahr werden konnten, sein. Den Tieren ließ man ein bisschen von der Ernte zum Dank, dass sie diese vor größeren Schaden verschont hatten. Eine solche Haltung würde auch modernen Gärtnern vielleicht helfen, ein besseres Verhältnis zu ihren „schmarotzenden" Gartenmitbewohnern zu bekommen.

Ackerwinde (Convolvulus arvensis)
(Foto: Laux)

Haus, Hof und Garten wurden zum Abschluss des Jahres während der Raunächte mit dem zauberabwehrenden Wacholder geräuchert. Vermutlich kennen die heutigen Blattläuse und spanischen Wegschnecken diese Zauberkräfte nicht mehr, ein Versuch, ihnen mit zauberabwehrenden Pflanzen Einhalt zu gebieten, kann aber zumindest nicht schaden, ehe man wieder zu bewährten Maßnahmen wie Bierfallen, Schneckenzäunen oder Absammeln der Schnecken greift. Haben Sie Probleme mit gefräßigen Vögeln, die sich an Ihrem Gemüse gütlich tun? Versuchen Sie folgenden Zauber: In eine Ecke des Gartens steckt man einen Brennnesselstrauß an einen Besenstiel und spricht dazu: „Do Krah (Krähe), das ist dein, und was ich steck, das ist mein." Das soll auch mit entsprechender Änderung des Spruches gegen Raupen helfen.

Pflanzenzauber gegen Mäuse

Ob Wühlmäuse oder nette flauschig graue Nager in der Speisekammer, auch sie werden nicht gerade als Freunde der Menschen betrachtet. Vielleicht helfen einige der folgenden zauberhaften Ratschläge, sie zu vertreiben.
Die Königskerze wurde auch Unholdkerze genannt, da man ihr zauberabwehrende Wirkungen zuschrieb. Aber auch gegen Mäuse scheint dieses Kraut gewachsen zu sein: Getrocknete und natürlich möglichst im Himmelfahrtsstrauß geweihte Stücke der Pflanze wurden in die Mäuselöcher gesteckt und haben angeblich deren kleine Bewohner für immer vertrieben. Auch in der Speisekammer sollen Königskerzen die Mäusefallen ersparen helfen.
Der 4. Juli ist der Ulrichstag, der Tag des Mäusepatrons. Wenn man an diesem Tag um 12 Uhr mittags Wiesensalbei (*Salvia pratensis*) pflückt und in Scheunen und Vorratskammern oder in Mäuselöcher legt, dann bleiben die Nager fern.
Und wenn das alles noch nicht geholfen hat, könnte man es mit Wermut (*Artemisia absinthium*) versuchen, der früher in die Kornspeicher gelegt wurde, um die Mäuse vom Getreide fernzuhalten.
Bleibt nur zu hoffen, dass das Getreide bei solcher Nähe nicht die Bitterkeit des Wermut annimmt.

Forsythienstrauß
(Foto: TGTGTG/shutterstock.com)

Barbarazweige

Ein Brauch hat sich bis in die heutige Zeit unverändert erhalten – das Schneiden der Barbarazweige am 4. Dezember. Meist sind es Kirschenzweige, doch früher wurden auch Zweige von Schlehdorn, Birken und Holunder dazu verwendet. Man stellt sie an einen warmen Ort, am besten in der Nähe des Ofens, ins Wasser und wenn sie bis Weihnachten die Knospen geöffnet haben, dann kann man für die Zukunft nur Gutes erwarten. Es wird ein fruchtbares Jahr werden, man wird gesund bleiben, und vielleicht steht auch eine Hochzeit ins Haus. Wenn heute die Menschen oft klagen, dass sie die Barbarazweige nicht zum Blühen bringen können, dann kann das natürlich auch davon abhängen, dass sie vor dem Schneiden einige Frostnächte erlebt haben sollten.

Zauberpflanzen: Von der Wiege bis zur Bahre im Überblick

Einjährige und zweijährige Pflanzen

Name	Signatur	Wuchshöhe	Blütezeit	Blütenfarbe	Standort
lateinisch, deutsch		in cm	(Monat)		
Anagallis arvensis, Gauchheil	I	10 – 15	VII – X	ziegelrot	○–◐
Calendula officinalis, Ringelblume	I	bis 50	VI – X	gelb, orange	○
Cheiranthus cheirii, Goldlack	II	40	IV – VI	viele Farben	○
Ipomoea tricolor 'Heavenly Blue', Trichterwinde	I	bis 200 Kletterpflanze	VII – X	blau	○
Myosotis sylvatica, Vergissmeinnicht	II	bis 40	V – VII	himmelblau	○–◐
Nigella damascena, Jungfer im Grünen	I	bis 50 cm	VI – IX	weiß, hellblau, rosa	○–◐
Oenothera biennis, Nachtkerze	II	50 – 100	VI – IX	gelb	○–◐
Tagetes tenuifolia, Studentenblume	I	20 – 30	VI – X	gelb, orange	◐
Verbascum bombyciferum, Königskerze	II – A	bis 180	VI – VIII	gelb	○
Viola tricolor, Stiefmütterchen	I – II	20 – 30	III – V	gelb mit lila	○–◐

Ausdauernde Pflanzen

Name	Lebensdauer	Wuchshöhe	Blütezeit	Blütenfarbe	Standort
lateinisch, deutsch		in cm	(Monat)		
Acanthus mollis, Bärenklau	A	80	VII – VIII	weiß-rosa	○–◐
Actaea spicata, Christophskraut	A	30 – 60	V – VI	weiß	○–◐
Agrimonia eupatoria, Odermennig	A	bis 130	VI – VIII	gelb	○
Alchemilla vulgaris, Gemeiner Frauenmantel	A	20 – 50	VI – VII	unscheinbar	○–●
Artemisia vulgaris, Beifuß	A	100 – 150	VII – IX	gelb	○–◐
Arum italicum, Aronstab	A	30	V – VI	grünlich weiß orangeroter Fruchtstand	○–●
Carlina acaulis, Eberwurz, Silberdistel	A	30	VII – VIII	silberweiß	○
Chelidonium majus, Schöllkraut	A	bis 100	IV – X	gelb	○–●
Chrysanthemum Koreanum-Hybr. *(Dendranthemum)* 'Weiße Nebelrose', Margerite	A	80	IX-X	weiß	○
Convallaria majalis, Maiglöckchen	A	20	V – VI	weiß	◐–●
Dianthus barbatus, Nelke	II	40	VII – IX	hauptsächlich Rottöne	○
Lamprocapnos spectabilis, Tränendes Herz	A	70	V – VI	altrosa und weiß	◐
Euphorbia cyparissias,	A	bis 40	IV – VI	gelb, später rot	○–◐
Zypressenwolfsmilch					○
Festuca glauca, Blauschwingel	A	15 – 25	–	–	○–◐
Galium verum, Labkraut	A	bis 100	VI – IX	gelb	○–◐
Gentiana cruciata, Kreuzenzian	A	20 – 40	VII – XI	dunkelblau	○–◐
Hesperis matronalis (weiß blühend), Nachtviole	A	60 – 70	VI – VII	lila	○–●
Hypericum perforatum, Johanniskraut	A	50	VI – VII	gelb	○–◐
Lilium candidum, Madonnenlilie	A	100	VI	weiß	◐–●

Ausdauernde Pflanzen

Name	Lebensdauer	Wuchshöhe	Blütezeit	Blütenfarbe	Standort
lateinisch, deutsch		in cm	(Monat)		
Luzula nivea, Waldmarbel	A	20 – 40	VI – VIII	braun	○
Melissa officinalis 'Variegata', Melisse	A	50	VII – VIII	weiß	Sumpf-
Menyanthes trifoliata,	A	10 – 30	V – VI	weiß	pflanze
Fieberklee					○–◐
Onobrychis viciaefolia, Esparsette	A	30 – 60	V – VII	rosarot	○–◐
Origanum vulgare, Dost	A	40 – 70	VII – IX	rosa	◐–●
Oxalis acetosella, Waldsauerklee	A	bis 15	IV – V	weiß	○–◐
Paeonia officinalis 'Rubra Plena',	A	60	V – VI	rot	
Pfingstrose					○–◐
Polemonium caeruleum, Jakobsleiter	A	60	IV – VI	himmelblau	○–◐
Polygonatum odoratum var. *pluriflorum*	A	50	V	cremeweiß	
'Variegatum', Salomonssiegel					◐–●
Primula veris, Schlüsselblume	A	15	IV	gelb	○
Rosmarinus officinalis, Rosmarin	A	50	V – IV	hellviolett	○
Ruta graveolens, Weinraute	A	bis 80	VI – VII	gelbgrün	○
Salvia officinalis, Echter Salbei	A	bis 70	VI – VII	blauviolett	○
Santolina chamaecyparissus,	A	30	V	gelb	
Heiligenblume					○
Sedum telephium, Fette Henne	A	40	VI – IX	grüngelb bis rosa	◐
Symphytum officinalis, Beinwell	A	30 – 100	V – IX	rosaviolett	○
Tanacetum vulgare, Rainfarn	A	bis 130	VII – IX	gelb	○
Thymus vulgaris, Thymian	A	30 – 40	V – IX	rosa-lila	○–◐
Verbena officinalis, Echtes Eisenkraut	A	30 – 60	VII – X	blasslila	○–◐
Veronica officinalis, Wald-Ehrenpreis	A	15 – 30	VI – VIII	hellviolett	◐–●
Vinca minor, Immergrün	A	10	IV – V	blau	○–◐
Viola odorata 'Königin Charlotte'	A	10	III – IV	dunkelblau	
			und VIII – X		○–◐
Viola cornuta 'Molly Sanderson'	A	20	VI – X	tiefschwarz	
Veilchen					

Rosen

Name	Signatur	Wuchshöhe	Blütezeit	Blütenfarbe	Standort
lateinisch, deutsch		in cm	(Monat)		
Rosa 'Heritage', Englische Strauchrose	A	150 – 250	ab V	rosa	◐–●
Rosa 'Schneewittchen', Strauchrose	A	bis 150	V – Frost	reinweiß	◐–●
Rosa gallica 'Versicolor' (*Rosa* 'Mundi'), Historische Strauchrose	A	90	ab V	dunkelrosa und weiß gestreift	◐–●

Farne

Name	Signatur	Wuchshöhe	Blütezeit	Blütenfarbe	Standort
lateinisch, deutsch		in cm	(Monat)		
Dryopteris affinis, Goldschuppenfarn	A	120	–	–	◐–●
Dryopteris filix-mas, Wurmfarn	A	80	–	Wedel einfach gefiedert	◐–●
Onoclea sensibilis, Perlfarn	A	40	–	doppelt gefiederte Wedel	◐–● torfig, feuchte Böden
Osmunda regalis, Königsfarn	A	80	–	doppelt gefiederte Wedel Böden	◐–● torfig, feuchte
Polystichum aculeatum, Schildfarn	A	40 – 50	–	dunkelgrüne Wedel	◐–●

Zauberpflanzen für Eingeweihte

(Foto: Oleksandr Kostiuchenko/shutterstock.com)

Giftpflanzen

Der Begriff Giftpflanzen löst bei den meisten Menschen eine Mischung aus Schaudern und Faszination zugleich aus. Aber alle Pflanzen sind nützlich. „Gute und heilsame Kräfte wohnen in den Pflanzen, aber auch böse, verderbliche – nicht immer ist die Grenze zu ziehen", meint Fritz-Martin Engel in seinem Buch über Pflanzengifte. Aber es gibt keine bösartigen Giftpflanzen. Bösartig ist ein Begriff, den es nur in der menschlichen Vorstellungswelt gibt. Die Pflanzen bilden ihre gefährlichen Stoffe nämlich nicht, um dem Menschen zu schaden. Meist sind solche Stoffe wichtig für den Stoffwechsel der Pflanze oder dienen als Schutz gegen Tierfraß. Es ist eine Tatsache, dass Weidetiere giftige Pflanzen wie Herbstzeitlose meiden, dem Menschen hingegen fehlt heutzutage der Instinkt und leider auch das Wissen. So kommt es auch immer wieder zu tödlichen Verwechslungen von Bärlauch und Maiglöckchen.

Es muss daher jedem Kräutersammler dringend angeraten werden, sich ausreichende botanische Kenntnisse der essbaren und giftigen Pflanzen anzueignen. Aber auch der Gärtner ist gut beraten, die Pflanzen zu kennen, deren Verwendung dem Menschen schaden könnte, denn auch unter den Zierpflanzen sind viele als giftig einzustufen. Dies gilt in hohem Ausmaß auch für die meisten Zimmerpflanzen.

Maiglöckchen (Convallaria majalis)
(Foto: Nella/shutterstock.com)

Gift

Das Wort „Gift" erfüllt ebenfalls viele mit Schaudern. Doch eigentlich bedeutet es Gabe, und im Englischen versteht man unter „gift" noch immer eine Gabe und auch ein Geschenk. Auch Goethe hat das Wort in diesem Sinne benutzt. Gift wird gegeben. Natürlich wurden solche „Gaben" aber auch oft dazu benutzt, unliebsame Mitmenschen aus dem Weg zu räumen. Die Legenden über Giftmorde füllen viele ganze Bücher.

Giftmischer

Rein pharmakologisch kann jede Pflanze und jede Substanz sowohl ein Heil- als auch ein Todesmittel sein. Das griechische Wort „pharmakon" bedeutet gleichzeitig Heilmittel, Gift oder Zaubermittel und der Pharmazeut ist demgemäß sowohl ein Hersteller von Arzneimitteln als auch ein Giftmischer. Das Wort „Dosis" stammt aus dem Lateinischen und bedeutet ebenfalls abgeleitet Gabe.
Es war Paracelsus, der die lange vor ihm bekannte Erkenntnis auf den Punkt brachte: „Alle Dinge sind Gift, und nichts ist ohne Gift, allein die Dosis macht, dass ein Ding kein Gift sei." Dieser Spruch hat bis heute nichts von seiner Gültigkeit verloren. Salz kann ebenso zum Gift werden wie Pfefferminztee, wenn man ihn in größeren Mengen täglich genießt.

Vergiftungen

Trotzdem kann man sagen, dass die Gefahr von Vergiftungen durch Pflanzen überschätzt wird. Statistiken zeigen, dass im Vergleich dazu Vergiftungen durch chemische Stoffe im Haushalt wie beispielsweise durch Putzmittel, aber auch durch synthetische Arzneimittel, um ein Vielfaches häufiger vorkommen. Definitionen von Gift gibt es viele. Eine davon lautet: „Als Gifte gelten Stoffe, die, vom Körper aufgenommen oder mit ihm in Berührung gebracht, schon in verhältnismäßig geringer Menge durch chemische oder chemisch-physikalische Wirkung das Leben oder die Gesundheit von Menschen und Tieren gefährden können." Da sieht man auch gleich die Problematik solcher Definitionen. Ziegen können beispielsweise Goldregen ohne Schaden fressen, für Kinder könnte die Milch von derselben Ziege aber tödlich giftig sein.

Herbstzeitlose (Colchicum autumnale) *(Foto: Laux)*

„Entdeckung" des heilenden Fingerhuts

Ein Londoner Arzt namens William Withering behandelte nicht sehr erfolgreich einige Patienten gegen Wassersucht. Da wurde ihm im Jahr 1775 zugetragen, dass es eine alte, weise Frau in Shropshire gäbe, die ein Kräuterrezept habe, mit dem sie erfolgreich die Wassersucht beseitigen konnte. Da sie ihm das Rezept nicht verraten wollte, ließ er sie angeblich heimlich beim Pflücken der Pflanzen beobachten. Er stellte fest, dass es sich bei dem wirkungsvollen Kraut nur um den Roten Fingerhut (Digitalis purpurea) handeln könne, und seine Untersuchungen und Veröffentlichungen führten dazu, dass der durchaus auch tödlich wirkende Fingerhut als Arznei, deren wassertreibende Wirkung auf eine Anregung der Tätigkeit der Herzleistung zurückgeht, in die Medizin eingeführt wurde.

Herbstzeitlose
(Foto: skorpionik00/shutterstock.com)

Pflanzen mit ihrer Gesamtheit an Wirk- und Giftstoffen sind eigentlich weit weniger gefährlich als ihre isolierten Wirkstoffe, die oft in der Medizin verwendet werden. Es ist aber jedem anzuraten, die Finger von Pflanzen zu lassen, die in irgendeiner Form als giftig eingestuft werden.

Die kräuterkundigen weisen Frauen, die Hexen, wussten mit Sicherheit Bescheid über die Giftigkeit mancher Pflanzen, und viele Schilderungen aus dieser Zeit über den Einsatz von Pflanzen zum Heilen lassen ahnen, dass sie auch die richtige Dosis kannten.

Es klingt fast wie ein Scherz, wenn man sagen kann, dass eine Arznei wie der Rote Fingerhut, die nachweislich durch eine „Hexe“ bekannt wurde und die nach wie vor nicht synthetisch hergestellt werden kann, in den Verkaufsstatistiken der Arzneimittel an vorderster Stelle steht.

Der Blick durchs verbotene Fenster

Die Dosis allein macht es, ob eine Pflanze heilend wirken kann oder giftig ist. Noch feiner ist die Grenze zwischen einer halluzinogenen und eventuell tödlichen Wirkung von Giftpflanzen.

Halluzinogene Pflanzen

Als halluzinogene Pflanzen bezeichnet man solche, die Sinneswahrnehmungen verändern können. Der Begriff kommt vom lateinischen *halucinatio* = gedankenloses Reden. Halluzinogene sind also chemische Stoffe, die in nicht toxischen Dosen Veränderungen in der Wahrnehmung, im Bewusstsein und in der Gemütslage hervorrufen. Es kann zu Veränderungen des Zeit- und Raumgefühls kommen, zu plastischen Farbvisionen, deutlicherer Wahrnehmung von Geräuschen, körperlichem Empfinden von Musik und sogar zu einem Gefühl des Heraustretens aus dem eigenen Körper.

Der englische Schriftsteller Aldous Huxley, der viele Versuche mit „bewusstseinserweiternden" Drogen machte, meinte, dass eine wesentliche Aufgabe unseres Gehirns, um ein zweckorientiertes, egozentriertes Denken zu ermöglichen, das Einschränken und Filtern der auf uns einströmenden Fülle an Eindrücken ist. Diese Scheuklappe, meinte er, kann man mit halluzinogenen Drogen ausschalten und damit einen Blick hinter den Vorhang machen, der das Profane, Weltliche, vom Göttlichen trennt. Entheogene von *entheos* = prophetische Inspiration, nennen Ethnologen solche psychoaktiven Pflanzen, die im Rahmen ritueller oder religiöser Handlungen eingesetzt werden und den Menschen das Göttliche nah bringen sollen. Da der Begriff Halluzination pathologisch besetzt ist und für einen krankhaften Verwirrungszustand verwendet wird, führte man den Begriff der Entheogene ein, um aufzuzeigen, dass es sich dabei um Pflanzen handelt, deren traditionelle Verwendung zur Vermittlung höherer Wahrheiten führen könnte.

Schamanen und Hexen

Halluzinogene wurden von Schamanen vieler Naturvölker verwendet, um „sehen" und „fliegen" zu können, um Krankheitsgeister zu vertreiben und die entschwundenen Seelen ihrer Patienten zurückzuholen.

Hanf (Cannabis sativa *subsp.* indica)
(Foto: OpenRange Stock/shutterstock.com)

Schamanen verwenden halluzinogene Pflanzen nie zum Vergnügen, sondern immer nach genauen Regeln und im Rahmen bestimmter Rituale. Die Handhabung solcher Kräuter setzt viel Erfahrung und Selbstkenntnis des Schamanen voraus.
Die Weisen Frauen kannten viele Pflanzen, die in der richtigen Dosierung und Anwendung in solche „Anderswelten" bringen konnten. Ihr Wissen ist mit der Vernichtung der Hexen verloren gegangen. Der Wunsch, aus der realen Welt, die oft genug als Last betrachtet wird, abzuheben, ist leider überdimensional gewachsen, was die Drogenproblematik auf dieser Welt deutlich zeigt.

Drogenmissbrauch

Das Interesse an psychoaktiven Stoffen und Pflanzen ist dementsprechend groß und auch die versuchte Anwendung solcher Mittel häufig. Daher sei all denen, die aus Neugier halluzinogene Pflanzen oder Hexensalben ausprobieren wollen, folgender Rat von Hans-Peter Duerr aus dem Vorwort seines Buches Traumzeit weitergegeben: „Ich habe mit einigen befreundeten Nachtschattengeistern gesprochen und sie bitten mich, dem Leser Folgendes mitzuteilen: Sie wollen nicht aus Jux und Tollerei gerufen werden. Wenn sie Lust verspüren, eine Bekanntschaft zu machen, dann werden sie es den Betreffenden schon wissen lassen. Die Fahrkarten, die sie austeilen, sind bisweilen einfach; es fehlt die Rückfahrkarte."

(Foto: Buchter)

Die Hexe – Giftmischerin oder Heilkundige?

Hexe ist eine Bezeichnung, die so zwiespältig ist wie der Begriff Zauber. Für die einen ist die Hexe die weise Frau, die Kräuterkundige und Hebamme, die mithilfe ihrer Kenntnisse, vor allem auch der Pflanzen, Mensch und Tier heilen hilft und die auch böse Zaubersprüche bannen kann.
Bei vielen Menschen ist jedoch eher das Klischee von der schwarze Magie betreibenden Hexe im Vordergrund: In finsterer, nebliger Nacht, während der Sturm schauderhaft am alten Gebälk der Hütte rüttelt, tanzt die Alte mit einem krächzenden Raben auf der Schulter um einen dreibeinigen Kessel, in dem ein grauenhaft stinkendes Gebräu von Giftpflanzen und Krötenaugen blubbert, und murmelt dazu geheime Zaubersprüche. Leider wurde dieses Klischee immer wieder durch Wort und Bild verstärkt.

Hexe und Hecke

Wer ist sie also wirklich, diese Hexe? Die Wurzel des Wortes lautet, wie bei Jacob Grimm nachzulesen ist, „hazuo, hazusa, hazasa“, daraus entstand „haghedisse“ und später „hägesse“

Weißdorn
(Foto: EM Arts/shutterstock.com)

oder auch „hegxe“ oder „hexse“. Unser Wort „Hexe“ wird also von hagzissa, hag(a)zus(s)a abgeleitet, worin der Begriff „Hag“ – Hecke, Umzäunung – steckt.
Die Hecke, das war die Grenze zwischen Kultur und Wildnis. Sie gab den frühesten Siedlungen Schutz, sie hinderte wilde Tiere wie Wölfe und Bären und gefräßige Rehe vor dem Eindringen. Die dornigen Heckengewächse wie Weißdorn, Hundsrosen, Schlehen, Kreuzdorn und noch viele mehr bildeten nicht nur einen dichten Zaun nach außen, sie lieferten dem Weidevieh Blätter und den Menschen Beeren und Nüsse. Für diese frühesten Siedler war die Hecke aber nicht nur die physische Grenze zwischen dem kultivierten Land und der Wildnis, sie war eine geistige Grenze. Hinter dem Dornengestrüpp hausten nicht nur Raubtiere, hier fing das Reich der Trolle und Kobolde, der Elfen und Dämonen an. Diese Wildnis war den Bewohnern der Kulturinseln nicht mehr ganz geheuer.

Die Zaunreiterin

Es gab immer Frauen mit besonderen Fähigkeiten, Frauen, die auf der Hecke sitzen konnten. Die „Zaunreiterin“ könnte man diese „hagazussa“ nennen. Sie hat einen Fuß bei ihren dörflichen Nachbarn, aber sie kann mit dem anderen Fuß „hinübergehen“. Sie sitzt an der Schwelle zwischen Kultur und Natur, sie versteht es, zwischen der Welt der Geister jenseits der Hecke und jener der Menschen zu vermitteln. „Hag“ nennt man im Englischen noch immer die Hexe. Die Hagezusse konnte die Waldfrauen und Feen verstehen, wenn sie die richtigen Heilpflanzen offenbarten.

(Foto: Apriphoto/shutterstock.com)

„Heilig" und gefürchtet

Bei den nordeuropäischen Völkern genoss die Hexe als Weise Frau, als Zauberkundige und Heilerin hohes Ansehen. Tacitus, der römische Schriftsteller, dem wir viele Informationen über die Germanen verdanken, wunderte sich darüber, dass die „Barbaren" davon überzeugt waren, dass es bei den Weibern etwas Heiliges und Prophetisches gibt.
„Tunritha" nannten die Skandinavier die Zaunreiterin, die sich mit Zauberliedern in Ekstase singen konnte. Sie kannte die zauberkräftigen Runen, ihr Wort konnte als Segen, aber auch als Fluch wirken. Sie war deshalb nicht nur geachtet und geschätzt, sondern auch gefürchtet. Dieser Aspekt, die Fähigkeit, Schadenszauber betreiben und Feinde ohne sichtbare Waffen töten zu können, war von Beginn der christlichen Missionierung der nordischen Stämme auch ein Grund für die Priester, diese Frauen zu diffamieren. Die ersten Bußbücher legten Strafen für Weissagen, Beschwörung von heidnischen Göttern, Traumdeuten, Kräuterkunde und Liebestränke fest.
Dennoch blieb die Weise Frau als Kräuterkundige und Hebamme bei den Dorfbewohnern unentbehrlich. Sie sammelte nun die der Freyja geweihten Kräuter im Namen der Gottesmutter.

Hexenverfolgung

Die Kirche akzeptierte die Heil- und Zauberpraktiken dieser kräuterkundigen Frauen als dummen Aberglauben,

solange das Volk zur Messe kam und seine Abgaben entrichtete. Die Sicht veränderte sich aber, als im Hochmittelalter die Pest immer grausamer wütete. Die Lebensangst der Menschen war groß, noch dazu, wo die Lebensbedingungen des einfachen Volkes von Unterdrückung und Ausbeutung geprägt waren.
Der Kirchengelehrte Thomas von Aquin definierte von nun an Aberglauben als Sünde wider Gott. Er war es auch, der den Spekulationen, ob zwischen Engeln und Dämonen ein Unterschied wäre, ein Ende bereitete, indem er definitiv erklärte, dass an der Existenz des Dämonenreiches keinesfalls zu zweifeln sei. Der Teufel, so meinte er, sei absolut imstande, menschliche Gestalt anzunehmen und sich solcherart mit den Menschen geschlechtlich zu vermischen. Bald war die Kirche so sicher von der Schändlichkeit des Teufels überzeugt, dass sie nur mehr einen einzigen Ausweg sah, nämlich die völlige Ausrottung all jener Menschen, die im Bund mit dem Teufel seien.

Verbrennung auf dem Scheiterhaufen

Nach Meinung der Kirchenoberen waren es vor allem die Hexen, die im Verein mit dem Teufel zu ihren besonderen Fähigkeiten gelangten und daher eine besondere Bedrohung darstellten. Zwei Mönche, Heinrich Institoris und Jakob Sprenger, stellten in ihrem Buch *Der Hexenhammer* alle gängigen Vorurteile zusammen und erreichten mit diesem Machwerk nicht nur, dass Millionen „Hexen“ auf dem Scheiterhaufen landeten. Dieses Buch verteufelte auch alle Frauen schlechthin: Das Wort *femina* nämlich käme von fe und minus (fe = fides, Glaube, minus = weniger, also femina = die weniger Glauben hat).

Bella donna, die Hexe

Der französische Historiker Jules Michelet stellte klar: „Tausend Jahre hindurch war die Hexe der einzige Arzt des Volkes. Die Kaiser, Könige und Päpste, die reichen Barone hatten eigene Doktoren, aber die Masse jeden Standes, ja man könnte sagen in der Welt, fragte nur die ‚saga‘ oder kluge Frau um Rat.
Wenn sie nicht heilte, beschimpfte man sie und nannte sie Hexe. Aber gewöhnlich belegte man sie aus einem mit Furcht gemischten Respekt mit dem Namen gute Frau oder schöne Frau (bella donna), derselbe Name, den man Feen gab.“
Leider ist viel von dem Wissen dieser Weisen Frauen, sowohl das der heilkräftigen Pflanzen als auch der Zaubersprüche und Rituale, mit denen aus gewöhnlichen Pflanzen magische Instrumente werden konnten, verloren gegangen, vernichtet durch das „Feuer der Scheiterhaufen“. Es blieb der Wunsch, dieses Wissen wieder aufleben zu lassen.

Pappelblüten (Populus nigra)
(Foto: Laux)

Moderne Medizin und Kräuterheilkunde

In der modernen Medizin ist für weise Frauen kein Platz. Die Kräuterheilkunde, auch wenn sie nun von der Pharmakognosie zu einer wissenschaftlich „Rationalen Phytotherapie“ entwickelt wurde, spielt in der Medizin nur eine periphere Rolle.
Grund genug, dass das Wissen um die Wirkungen der Kräuter zunehmend wieder von Menschen getragen wird, die keine Mediziner sind.

Mohnkapseln
(Foto: nooncm/shutterstock.com)

Können Hexen fliegen?

Die Vorstellung, dass Hexen fliegen können, ist keine Erfindung des Spätmittelalters. Schon in der Antike gab es viele Geschichten über fliegende Hexen. Ein typisches Beispiel für die Vorstellung vom Flug der Hexen findet sich in den Aufzeichnungen des Inquisitors Pierre le Broussard: „ … rieben sie einen Holzstecken mit einer Salbe, die ihnen der Teufel gegeben hat, sowie die Handflächen, danach nehmen sie den Stecken zwischen die Beine und fliegen über Dörfer, Wälder und Wasser hinweg, wobei sie der Teufel selber zu den Orten führt, wo sie ihre Versammlungen abhalten wollen."

Besonderer Hexenflug

Der Dominikanermönch Johann Wider schrieb gegen Ende des 14. Jahrhunderts über einen skeptischen Priester, der von einer alten Frau eingeladen worden war, Zeuge ihrer Hexenfahrt zu sein. Sie setzte sich in einen Backtrog, salbte sich mit einer Schmiere und schlief bald darauf ein. Als sie nach einem unruhigen Schlaf erwachte, fragte sie den Geistlichen, ob er nun ihren Erzählungen glaube. Doch der Priester konnte ihr nur sagen, dass er sie die ganze Zeit schlafend und wild träumend daliegen gesehen habe.

Hexensalbe mit „Flugwirkung"

Es stellt sich die Frage, ob Hexen nur im Traum fliegen. Es erscheint sehr wahrscheinlich, dass die Hexen das Gefühl hatten zu fliegen, wenn man die Pflanzen betrachtet, die in der Hexensalbe gewesen sein sollen. Es gibt verständlicherweise keine von Frauen selbst überlieferten Rezepte. Einerseits waren das sicher Geheimrezepte, andererseits sind sie im Zuge der inquisitorischen Repression verloren gegangen. Rezepte für angebliche „Hexensalben", von denen man heute liest, stammen alle aus der Feder von Apothekern, Ärzten und anderen Gelehrten.
Andres de Laguna, Leibarzt des Kaisers Karl V., berichtete, er habe die Salbe eines Zauberpaares konfisziert und sie an der Frau eines Henkers ausprobiert. Sie verfiel in einen dermaßen tiefen Schlaf, dass der Arzt sie nur unter Aufbietung all seiner ärztlichen Kunst wieder wecken konnte. Die Frau beschwerte sich allerdings bitter, da sie aus angenehmen Träumen mit sexuellen Inhalten gerissen worden war.

Getrocknete Blätter und Wurzeln (Foto: Heike Rau/shutterstock.com)

Hexenschmiere

De Laguna beschrieb die „Hexenschmiere" als eine grüne Salbe wie die Pappelsalbe. Die Pappelsalbe wurde und wird auch heute noch viel verwendet und war als schmerzlindernde Salbe vor allem bei rheumatischen Beschwerden damals wahrscheinlich in fast jedem Haushalt vorhanden. Sie wurde aus den Knospen der Schwarzpappel (Populus nigra), die im Frühjahr besonders harzig wird, mit Schweineschmalz hergestellt. Die medizinische Pappelsalbe wird praktisch in allen Kräuterbüchern und Pharmakopöen seit dem 15. Jahrhundert angeführt.

Im Gart der Gesundheit von 1485 werden folgende Zutaten genannt:

- *Knospen der Schwarzpappel* (Populus nigra)
- *Mohnblätter* (Papaver somniferum)
- *Lattichblätter* (Lactuca sativa)
- *Bilsenkrautblätter* (Hyoscyamus niger)
- *Alraunblätter* (Mandragora officinarum)

In späteren Rezepten werden noch weitere Zutaten wie Tollkirsche (Atropa belladonna) und Hanf (Cannabis sativa) hinzugefügt. Damit sind in dieser medizinischen Salbe auch viele der verteufelten „Hexenkräuter" enthalten und damit auch ihre psychoaktive und aphrodisierende Wirkung.

Magische Giftpflanzen

Die **Tollkirsche**

Tollkirsche (Atropa belladonna)
(Foto: Heike Rau/shutterstock.com)

Bereits im Altertum war die Tollkirsche (*Atropa belladonna*) aus der Familie der Nachtschattengewächse (Solanaceae) als Giftpflanze bekannt. Sie hat ihren botanischen Namen „Atropa" von Atropos, die Grausame, Unerbittliche, eine der drei Nornen, der Schicksalsgöttinnen, die über Leben und Tod bestimmen.
Den Artnamen „Belladonna", also schöne Frau, erhielt die Pflanze, weil von der Antike bis zur Renaissance Frauen sich den pupillenerweiternden Saft in die Augen träufelten. Dadurch bekamen sie zwar schwarze Augen, es ist aber zu bezweifeln, ob sie die Männer dann noch erkennen konnten. Übrigens wird dieser Effekt noch heute in der Augenheilkunde genutzt, wobei aber das isolierte Alkaloid Atropin verwendet wird.
Der Tollkirschensaft hat eine dunkelrosa Farbe und wurde vielfach auch als Rouge verwendet. Es könnte aber sein, dass „belladonna" auch für „schöne weise Frau" steht, eine Bezeichnung, die der Hexe als guter weiser Frau zukommt, wie Jules Michelet, ein Autor und Kenner des Hexenwesens, meint.
Der deutsche Name Tollkirsche weist darauf hin, dass der Pflanzensaft, innerlich angewendet, „Tollheit" auslöst, zu Erregung und Verwirrung führt. „Toll" bedeutet aber mittelhochdeutsch auch „geil", und die Tollkirsche wurde immer auch als Bestandteil „toll" machender Liebestränke verwendet.
Die Giftwirkung der Tollkirsche lässt sich dadurch beschreiben, dass es – je nach Dosis – zuerst zu einer zentral erregen-

den Wirkung kommt. Zunächst macht sich nur lebhafte Munterkeit bemerkbar, die von heftigem Redefluss und Bewegungsdrang begleitet wird. Oft kommt es zu unmotivierten Lachanfällen. Es folgen Verwirrungszustände mit Halluzinationen, die auch sexuelle Inhalte haben können. Danach schlägt die zentrale Erregung allmählich in eine zentrale Lähmung um, der Betroffene wird ruhiger und fällt schließlich in einen tiefen Schlaf. War die Dosis hoch genug, führt dieser Schlaf zum Tod durch Lähmung des Atemzentrums.

HEILENDES **KRAUT**

Die Tollkirsche wurde seit der Antike medizinisch genutzt, unter anderem als Schmerz- und Narkosemittel. Sie wurde zur „Vertreibung von Dämonen" eingesetzt, das heißt, sie wurde wohl zur Therapie von Depressionen, Psychosen und Geisteskrankheiten gebraucht. Im 19. Jahrhundert wurden Wurzel- und Kräuterextrakte zur Behandlung von konvulsivischem Husten, Nervenkrankheiten, Epilepsie, aber auch Nierenkoliken und verschiedenen Hauterkrankungen genutzt. In der heutigen Medizin spielt das reine Atropin nur noch in der Augenheilkunde eine Rolle und als Beruhigungsspritze vor Operationen. In der Homöopathie dagegen ist Belladonna eines der wichtigsten Mittel und wird vor allem bei Fieber, das mit groß erweiterten Pupillen und Benommenheit auftritt, eingesetzt.

Der **Stechapfel**

Datura, genauer „dhatura" ist vom Sanskrit-Wort „dhat" abgeleitet – der Name des Giftes, das aus der indischen Datura metel hergestellt wurde. Stechapfelarten sind sowohl in der Alten als auch in der Neuen Welt verbreitet, das heißt, Stechäpfel gibt es rund um den Erdball. Die hierzulande auch wild wachsend vorkommende Art (*Datura stramonium*) aus der Familie der Nachtschattengewächse (Solanaceae) kommt vermutlich aus der Gegend um das Schwarze und Kaspische Meer. Wie der Stechapfel zu uns nach Europa gekommen ist, ist nicht mehr nachvollziehbar. Grundsätzlich können Pflanzen, die stachelige Samenkapseln haben, im Fell von Tieren verbreitet werden. Tatsache ist auch, dass der Stechapfel und die Roma etwa zur gleichen Zeit, im 15. Jahrhundert, zu uns kamen. Es ist auch aus einem anderen Grund nicht ganz unwahrscheinlich, dass die Roma Stechapfelsamen dabeihatten, als sie in Europa ankamen, denn viele von ihnen waren Pferdehändler und mit einigen Samen konnte man ein Ross wahrlich feurig machen. Gegen Ende des 16. Jahrhunderts war der Stechapfel jedenfalls als seltene Gartenpflanze bei uns bekannt und verwildert.

ZAUBER UND **WIRKUNG**

Chemisch gesehen sind alle Stechapfelarten ähnlich giftig wie Tollkirsche und Bilsenkraut, da sie die gleichen Alkaloide enthalten, allerdings in unterschiedlicher Zusammensetzung. Gemeinsam haben die Datura-Arten, dass es zuerst zu Krampfanfällen kommt, bevor hypnotische Wirkungen zum Tiefschlaf führen. Dieser Schlaf wird begleitet von Halluzinationen.

Stechapfel (Datura stramonium)
(Foto: Laux)

Eine Besonderheit ist, dass die Rauschzustände des Stechapfels einen stark erotischen Charakter haben. Oft wurden die Stechapfelsamen dazu benutzt, die weibliche Schamhaftigkeit zu brechen, da man meinte, in einer bestimmten Dosis der Samen das Verlangen bis zur totalen sexuellen Begierde steigern zu können. Ein solches Kraut bietet sich als Bestandteil von Zaubertränken geradezu an und wurde sowohl in Europa als auch in der Neuen Welt von religiösen Fanatikern, sogenannten Priestern, Hellsehern und anderen Betrügern benutzt, um Sinnestäuschungen und Halluzinationen hervorzurufen.
Als Asthmazigaretten waren Stechapfelblätter bis vor nicht allzu langer Zeit in Apotheken erhältlich. Die Alkaloide der Datura können den Krampf in den Bronchien lösen, aber leider hat man diese Mittel aus dem Verkehr gezogen.

Stechapfelblüte
(Foto: LFRabanedo/shutterstock.com)

Das **Bilsenkraut**

Das Bilsenkraut (*Hyoscyamus niger*) aus der Familie der Nachtschattengewächse (Solanaceae) war bei den Griechen als „Hyoskyamos", Schweinebohne bekannt. Sie glauben heute noch, dass der Gattungsname von Homers Erzählung über die Zauberin Circe herrührt. Circe, die Tochter des Sonnengottes, lockte Odysseus und seine Gefährten mit ihrem betörenden Gesang auf ihre Insel. Unter das Gastmahl aus Käse, Honig und Wein mischte sie aber Bilsenkraut. Dadurch verwandelten sich alle Männer in quiekende Schweine.
Die Bezeichnung „Bilsenkraut" geht auf das althochdeutsche „bilisa" zurück, das auf den keltischen Sonnengott Belenos hinweist, dessen Strahlen nicht nur Wärme und Licht, sondern auch den Tod bringen konnten.
Das Bilsenkraut war die Hexenpflanze schlechthin. Das Unheimliche, mit dem der Volksglaube die Pflanze umgibt, wird schon im Äußeren sichtbar: zottelig behaarte Blätter mit eigenartig muffigem Geruch und gelbliche Blüten mit violetten Adern, die den Blick in die dunkelviolette Mitte fallen lassen. Man könnte sagen, das Bilsenkraut ist eine Pflanze, der man die Giftigkeit direkt ansehen kann, und dennoch ist es von düsterer Schönheit.
Auch das Vorkommen auf öden Schuttplätzen, Ruinen und in der Nähe von Friedhöfen hat sicher dazu beigetragen, dass das Bilsenkraut die berühmteste und bekannteste Gift- und Zauberpflanze durch die Jahrhunderte war. Sie war mit Sicherheit auch ein wesentlicher Bestandteil der Hexensalbe.

ZAUBER UND **WIRKUNG**

Über die Giftwirkung ist zu sagen, dass sie sich nicht wesentlich von der Tollkirsche unterscheidet, da das Bilsenkraut dieselben Alkaloide, allerdings in unterschiedlicher Zusammensetzung und Menge, enthält.
Vergiftungen beginnen ebenfalls mit zentraler Erregung, die bis zu Tobsuchtsanfällen führen und mit Beruhigung und Tiefschlaf enden.
Todesfälle sind in der wissenschaftlichen Literatur kaum beschrieben, denn die Dosierung musste aufgrund des relativ geringen Alkaloidgehalts hoch sein. Shakespeare sprach diesem Kraut trotzdem tödlich giftige Wirkung zu. Der Geist des ermordeten Königs erscheint seinem Sohn Hamlet und erzählt ihm:

„Da ich im Garten schlief,
Wie immer meine Sitte nachmittags,
Beschlich dein Oheim meine sichere Stunde
Mit Saft verfluchten Bilsenkrauts im Fläschchen,

Und träufelte in den Eingang meines Ohrs
(...)
So ward ich schlafend und durch Bruderhand
Um Leben, Krone, Weib mit eins gebracht."

Schon seit Urzeiten ist das Bilsenkraut zur Herstellung schmerzstillender Medikamente genutzt worden. Wie auch Schierling und Alraune wurde es genutzt, um die Leiden zum Tode Verurteilter zu mildern, vor allem während der Folter.

Ganz besonders eingesetzt wurde es zur Zeit der Hexenverfolgungen, wo es auch dazu diente, die Hexen während der Folter in einen tranceähnlichen Zustand zu führen, in dem sie bereit waren, alle „Untaten", die man ihnen vorwarf, zu gestehen.

Das Bilsenkraut vermag nämlich nicht nur körperliche Schmerzen zu lindern, es erzeugt auch das Gefühl des Vergessens und der Gleichgültigkeit sowie der Willens- und Widerstandslosigkeit.

Bilsenkraut wurde aber nicht nur als Schmerzmittel benutzt, es sollte auch gegen Gichtschmerzen helfen. Bilsenkrautöl wird heute leider nicht mehr in der Medizin verwendet, obwohl es als Einreibung bei rheumatischen Erkrankungen sehr hilfreich war. In der Homöopathie ist es ein wichtiges Mittel gegen nervöse Erregungen und ein Konstitutionsmittel für streitsüchtige, argwöhnische, aber dennoch redselige Menschen.

Nicht ganz ungefährlich war früher auch der Brauch, mit Bilsenkraut sogenanntes „schwaches" Bier in seiner Wirkung zu verstärken.

Um die Staude in genügender Menge vorrätig zu haben, legten die Landwirte an einigen Orten größere Bilsenkrautpflanzungen an, auf die heute noch Ortsnamen wie Bilsensee und Bilsdorf in Deutschland, Bilsen in Holland und Pilsen in Böhmen hinweisen.

*Bilsenkraut (*Hyoscyamus niger)
(Foto: hjschneider/shutterstock.com)

Die **Alraune**

Als klassische Zauberpflanze, die jedem, der eine Zauberwurzel besaß, Glück und Reichtum bringen musste, wurde die Alraune (*Mandragora officinarum*) aus der Familie der Nachtschattengewächse (Solanaceae) bereits beschrieben (siehe Seite 16, 107). Auch im Kapitel über Amors Zauberkräuter (siehe Seite 62) durfte die Alraune nicht fehlen. Angeblich deutet der Name *Mandragora* auch auf diese alte Rolle als Fruchtbarkeitsbringerin und zur Stärkung der Manneskraft hin. Die sprachliche Wurzel von Mandragora wird auf das persische „mardomghia" zurückgeführt, und das bedeutet Manneskraft.

ZAUBER UND **WIRKUNG**

Dass die Alraune giftig ist und ihre Anwendung auch gefährlich sein kann, ist schon seit frühesten Zeiten bekannt. Doch schätzte man auch ihre Heilwirkung. So schildert Hippokrates, wie man mit ganz geringen Dosen von Mandragora Angst und tiefe Depressionen heilen könne. Offenbar besaß er genaue Kenntnisse der Wirkstoffe und setzte die Pflanze sehr vorsichtig ein, denn er warnte ausdrücklich vor zu großen Mengen.
Ähnlich wie bei der Tollkirsche führen höhere Dosierungen von Alraune dazu, dass die Pupillen erweitert werden. Das Auge wird zum „Nachtauge", es benimmt sich am hellen Tag, als wäre es in tiefster Finsternis. Sinneseindrücke werden als zu stark empfunden, Unruhe und Übererregung entstehen. Es kommt zu Halluzinationen und Verwirrtheitszuständen, die, wie schon Hippokrates warnte, zur unkontrollierbaren Raserei führen können, bis dieser Zustand in einem totenähnlichen Schlafzustand endet. Die Gefahr, dass es, je nach Dosis, auch zum Tod durch Lähmung des Atemzentrums kommt, ist zwar gegeben, wird aber kaum beschrieben.
In der Antike war es vor allem Dioskorides, der die Wirkung der Alraune als narkotisierendes und schmerzstillendes Mittel bei der Behandlung von Verletzungen und zum Einsatz bei Operationen schätzte. In der Anthroposophischen Medizin wird *Mandragora* in potenzierter Form bei Polyarthritis und auch bei Gicht verwendet.
Es versteht sich von selbst, dass eine solche Pflanze nicht nur wegen ihrer berauschenden und halluzinogenen Wirkung, sondern auch wegen ihrer Zaubereigenschaften zur Bereitung von Zaubertränken herangezogen wurde und in den wenigen Rezepten, die zur Herstellung der Hexensalbe überliefert sind, angeführt ist. Tatsächlich dürfte die Alraune wegen ihrer Seltenheit und Kostbarkeit nicht allzu häufig dazu verwendet worden sein.

*Alraune (*Mandragora officinarum*)*
(Foto: Laux)

Eisenhut (Aconitum napellus)
(Foto: Bildagentur Zoonar GmbH/shutterstock.com)

Der **Eisenhut**

Akoniton, der Eisenhut (*Aconitum napellus*) aus der Familie der Hahnenfußgewächse (Ranunculaceae), war die heilige Pflanze der Hekate, der Herrin der Unterwelt und der nächtlichen Wesen, der Zauberei und Giftmischerei. Der römische Autor Plinius war der Meinung, dass diese Pflanze nur einen Zweck haben könne, nämlich die Menschheit zu bestrafen.
Es ist zu bezweifeln, dass die von den antiken Autoren beschriebene Pflanze mit dem mitteleuropäischen *Aconitum napellus* gleichgesetzt werden kann. Nach Theophrast hat der Eisenhut seinen botanischen Namen daher, weil er bei Aconae, einer Stadt im nordwestlichen Kleinasien, wachse. Eisenhut wächst allerdings überall auf der Welt, eine besonders giftige Art, *Aconitum ferox*, ist am Fuße des Himalaya beheimatet. Der Eisenhut ist eine hochgiftige Pflanze, dennoch wird er in der tibetischen und chinesischen Medizin häufig in Kräutermischungen verwendet.

ZAUBER UND **WIRKUNG**

Der Eisenhut enthält Alkaloide, die sowohl über die Haut als auch über Schleimhäute resorbiert werden können, und ist in einer Dosis von einem Gramm der Knolle für Erwachsene tödlich. Zunächst werden die sensiblen Nervenenden erregt und dann gelähmt. Das macht sich als heftiges Hautkribbeln, Jucken und Brennen in den Extremitäten bemerkbar. Charakteristisch für eine Eisenhut-Vergiftung ist das Gefühl, als ob man Eis in den Adern habe. Später kommt es zum „Pelzigwerden“ der Extremitäten und völliger Gefühllosigkeit. Fast immer zeigt sich am Anfang der Vergiftung sehr heftiges Erbrechen, die Atmung ist erschwert. Die motorischen Nervenenden werden ähnlich wie bei Curare-Vergiftungen gelähmt, und schließlich wird das Zentralnervensystem miteinbezogen. Nach lebensbedrohenden Atem- und Herzstörungen kommt es zur Bewusstlosigkeit und bald darauf tritt der Tod durch Atemlähmung ein.

Es gibt kein Gegengift, die Eisenhut-Alkaloide werden jedoch schnell abgebaut, und wenn es gelingt, während dieses Vergiftungsstadiums die Atmung in Gang zu halten, ist ein Überleben möglich.

In der Medizin, vor allem in alternativen Methoden wie der Anthroposophischen Medizin, nützt man die schmerzstillende Wirkung des Eisenhutes auf die Nerven in Form eines Ölansatzes, der besonders bei Trigeminusneuralgien oder Ischiasschmerzen lokal aufgetragen wird. In der Homöopathie ist *Aconitum* das wichtigste Anfangsmittel für alle fiebrigen Erkrankungen, die ganz plötzlich auftreten. Der Eisenhut heißt auch Sturmhut, weil er im Gebirge dort wächst, wo oft der Sturm über die Pflanzen braust. Er hilft daher bei all den Erkrankungen, die wie ein Sturm über den Betroffenen hereinbrechen. Ebenso lange, wie der Eisenhut als Giftpflanze „genutzt“ wurde, war er auch als Zauberpflanze in Gebrauch. Trotz der extremen Giftigkeit war Eisenhut ein Bestandteil von Hexensalben.

Der **Schierling**

Der Schierlingsbecher, der Sokrates den Tod brachte, hat wohl dazu geführt, dass die Giftigkeit des Schierlings fast jedem bekannt ist. „Koneion“, den Schwindel Erregenden, nannten die Griechen den Schierling (*Conium maculatum*) aus der Familie der Doldenblütler (Apiaceae), davon leitet sich der botanische Name und auch Coniin, die Bezeichnung des giftigen Inhaltsstoffes, ab. Der Tod durch den Giftbecher mit Schierlingssaft, gemischt mit Opium und Wein, galt als milde Hinrichtung und wurde nur politischen Straftätern zugedacht. Böse Verbrecher wurden gezwungen, Eisenhut in Wein zu trinken, was einen weitaus schmerzhafteren Tod zur Folge hatte.

ZAUBER UND **WIRKUNG**

Coniin, das Hauptalkaloid des Schierlings, wird sowohl über Schleimhäute als auch über die Haut relativ schnell aufgenommen. Es lähmt die Nervenenden der Skelettmuskulatur und die Wirkung äußert sich in einer aufsteigenden Lähmung der motorischen Rückenmarkszentren. Nach einiger Zeit tritt bei fortschreitender Lähmung der Tod durch Atemstillstand ein und das bei vollem Bewusstsein.

In der Heilkunde spielte der Schierling aufgrund seiner Giftigkeit keine besondere Rolle.

Den Hexen wurde allerdings unterstellt, dass sie heimlich nachts in die Schlafstuben schlichen und die männlichen Glieder mit Schierlingssaft bestreichen würden, um sie ihres „Zeugungsorganes“ und der Kräfte für die ehelichen Werke zu berauben. Dass der Schierling tatsächlich eine Manneskraft mindernde Wirkung hat, beweist die Homöopathie. Ganz im Sinne von „Ähnliches mit Ähnlichem heilen“, gibt man Conium bei Potenzproblemen wie „sexuelle Nervosität mit schwacher Erektion (Boericke)“. In der Anthroposophischen Medizin wird Schierlingssalbe für Brustprobleme wie Mastopathie (knotige Veränderungen der Brustdrüsen) sehr wirkungsvoll eingesetzt und es wird dem Schierling generell Wirkung bei Drüsenverhärtungen zugesprochen.

*Schierling (*Conium maculatum*)*
(Foto: Aleksandr Stepanov/shutterstock.com)

Der **Fliegenpilz**

Der Fliegenpilz (*Amanita muscaria*) aus der Familie der Freiblättler (Amanitaceae) (siehe Seite 108) wächst in allen Teilen der Erde und ist wegen seines auffallenden Aussehens der im Volk wohl am besten bekannte Pilz. Auf jeden Fall ist er mit seinem leuchtend roten Hut und den weißen Warzen der schönste Pilz.
Auch wer ihn noch nie in der Natur gesehen hat, muss ihn kennen: Zusammen mit vierblättrigem Klee, Hufeisen, Marzipanschweinen und Schornsteinfegern wird er zu Neujahr als Glücksbringer verschenkt.
In Märchenbuchillustrationen sieht man häufig unter seiner roten Kappe Elfchen und Gnome sich tummeln und neben Gartenzwergen steht er oft als Gipsfigur in Vorgärten.
Diese Verniedlichung des Fliegenpilzes zu einem glücksbringenden Symbol kann aber nicht darüber hinwegtäuschen, dass er seit frühesten Zeiten als Rauschdroge verwendet wurde. Die sibirischen Völker schätzen den Fliegenpilz ganz besonders. Ihre Schamanen verwendeten ihn rituell, um in Trance zu verfallen. Er wurde aber auch zur Belustigung in den langen Wintermonaten eingesetzt. Vor der Einfuhr des Alkohols diente der Pilz als Rauschmittel. In der Schilderung eines Offiziers, der zwölf Jahre lang in Sibirien in Gefangenschaft war und dabei in Kontakt mit sibirischen Schamanen kam, ist zu lesen: „Sie gießen Wasser über einige dieser Pilze und kochen sie. Dann trinken sie den Aufguss, der sie berauscht."

ZAUBER UND **WIRKUNG**

Die Wirkung des Fliegenpilzes nennt man auch Methamorphopsie, das bedeutet, alles, was groß ist, scheint klein und umgekehrt, und sie wurde zur Belustigung eingesetzt. Man legte dünne Seile auf und animierte die Fliegenpilzkonsumenten, darüber zu springen. Diese sahen in ihrem Rauschzustand weite Gräben und nahmen einen gewaltigen Anlauf, um über eine Schnur zu springen. Der Hauptinhaltsstoff ist die Ibotensäure, die vor allem durch Trocknen zu dem psychotrop wirkenden Muscimol zerfällt. Den Rauschzustand nach Fliegenpilzgenuss nennt die Medizin das Pantherina-Syndrom. Der Genuss von ein bis vier Pilzen löst Schwindel und Schläfrigkeit aus, es kommt zu einem Glücksrausch, zu einem Gefühl des Schwebens, Farbillusionen treten auf und alles endet mit einem tiefen Schlaf. All diese „verrückten" Sinneseindrücke können das Gefühl des Fliegens hervorrufen. Das dürfte auch die wahre Bedeutung des Namens Fliegenpilz sein. Todesfälle durch den Genuss sind keine beobachtet worden. Da immer wieder beschrieben wird, dass er in manchen Ländern als Speisepilz verwendet wird – so gilt er in Japan als Delikatesse –, ist zu vermuten, dass er je nach Standort unterschiedliche Mengen an Inhaltsstoffen hat. Auf alle Fälle wäre zu empfehlen, kein Schwammerlgulasch mit ihm zu machen, da er neben den halluzinogen wirkenden Stoffen auch leberschädigende enthalten kann.
Beim Kochen werden diese Wirkstoffe zerstört, es empfiehlt sich dennoch, vom Verzehr des Fliegenpilzes im „Schwammerlgulasch" abzusehen. Mehr als zehn Pilze können tödlich giftig sein, doch schon bei geringeren Mengen kann die Leber irreversible Schäden davontragen.

Fliegenfalle

Hin und wieder ist auch zu lesen, dass der Fliegenpilz auch als Fliegenfalle dient und daher seinen Namen hat. Früher stellte man ihn nämlich in gezuckerter Milch als Fliegenfalle auf. Doch die Fliegen werden davon nur betäubt und fliegen später wieder munter fort.

Zauberhafte Gartenbeete – Hexengarten

In alten Märchen haben Hexen immer einen Garten. Kennen Sie noch das Märchen von Rapunzel? Eine Frau, die mit ihrer Tochter schwanger war, erblickte in dem von einer hohen Mauer umgebenen Nachbargarten, der einer mächtigen Zauberin gehörte, Rapunzelpflanzen. Sie bekam unbändige Lust darauf und ihr Mann musste ihr dieses Salatkraut stehlen. Den Rest kennen Märchen erzählende Eltern: Das Mädchen im Turm, das lange goldene Haar, der Prinz. Und das alles nur, weil eine Frau den Genüssen eines Hexengartens nicht widerstehen konnte.
Sollten Sie vorhaben, einen privaten Hexengarten anzulegen, wäre doch sehr zu empfehlen, diesen als „secret garden", als geheimen Garten, vielleicht von hohen Hecken umgeben anzulegen. Schließlich sind die meisten Hexenpflanzen tödlich giftig, und daher sollte so ein Gärtchen nicht jedermann, und vor allem nicht Kindern, zugänglich sein.
Stellt sich die Frage, wozu man überhaupt einen solchen Garten anlegen soll? Sicher nicht dazu, um die Ingredienzien für mögliche Hexensalbenversuche schnell zur Verfügung zu haben. Eine Motivation könnte sein, durch ein Giftgärtchen alle gefährlichen Pflanzen genauer kennenzulernen.
Die Zusammenstellung der Pflanzen für dieses Gartenbeispiel beinhaltet daher auch viele Pflanzen wie Schneeglöckchen und Narzissen, die eigentlich keine Hexenpflanzen waren, von denen man aber wissen sollte, dass sie giftig sind. Es muss aber auch gesagt werden, dass allein das Betrachten von Nachtschattenpflanzen wie Tollkirsche, Bilsenkraut und Stechapfel eine besondere Faszination ausüben kann.

Als Pentagramm

Wenn ein solcher Hexengarten in Form eines Pentagramms, dem Drudenfuß, angelegt wird, kann die zauberhafte Ausstrahlung noch verstärkt werden. Als kreisrunde Einfassung des Gärtchens nimmt man Zypressenkraut und an den Knotenpunkten zu Kugeln geschnittenen Buchs. Die Form des Drudenfußes wird mit Klinkerziegeln vorgegeben.
Im „Zentrum des Geschehens" wachsen dann die wahren Hexenpflanzen wie Tollkirsche, Eisenhut, Bilsenkraut, Stechapfel und das Krainer Tollkraut, das mit ähnlichen Wirkstoffen möglicherweise die Pflanze gewesen sein könnte, die von der Zauberin Circe verwendet wurde, um die Gefährten des Odysseus zu verzaubern.
Wenn ein solcher Hexengarten mit dem entsprechenden Respekt, einem echten Interesse den Pflanzen gegenüber und Beobachtungsgabe angelegt wird, kann er zu einem zaubervollen Zentrum des Gartens werden.

Frucht des Stechapfels (Foto: Laux)

Hexengarten

Nr.	Pflanze	Stückzahl
1	*Aconitum napellus*, Eisenhut	3
2	*Atropa belladonna*, Tollkirsche	4
3	*Hyoscyamus niger*, Bilsenkraut	5
4	*Datura stramonium*, Stechapfel	5
5	*Datura metel*, Stechapfel	5
6	*Scopolia carniolica*, Krainer Tollkraut	4
7	*Circaea lutetiana*, Hexenkraut	2
8	*Mandragora officinalis*, Alraune	5
9	*Papaver orientale* 'Sultana', Mohn	4
10	*Papaver nudicaule*, Islandmohn	3
11	*Papaver somniferum*, Schlafmohn	6
12	*Papaver rhoeas*, Klatschmohn	3
13	*Paeonia officinalis* 'Alba Plena', Pfingstrose	4
14	*Helleborus niger*, Christrose	6
15	*Helleborus atrorubens*, Schneerose	4
16	*Arum italicum*, Aronstab	16
17	*Actaea spicata*, Christophskraut	16
18	*Colchicum autumnale*, Herbstzeitlose	15
19	*Narcissus poeticus*, Dichternarzisse	9
20	*Galanthus nivalis*, Schneeglöckchen	6
21	*Convallaria majalis*, Maiglöckchen	12
22	*Digitalis purpurea*, Fingerhut	4
23	*Hepatica nobilis*, Leberblümchen	9
24	*Polygonatum odoratum*, Salomonssiegel	4
25	*Dryopteris filix-mas*, Wurmfarn	4
26	*Pulsatilla vulgaris*, Kuhschelle	18
27	*Adonis aestivalis*, Sommerblutströpfchen	2
28	*Agrostemma githago*, Kornrade	2
29	*Consolida regalis*, Ackerrittersporn	2
30	*Santolina chamaecyparissus*, Zypressen-Heiligenkraut (Regelmäßiger Schnitt notwendig!)	30
31	*Eranthis hyemalis*, Winterling	5
32	*Thuja*, Thujen (ca. 30 lfm Hecke)	je nach Größe

Zauberpflanzen für das Hexengärtchen im Überblick

Einjährige und zweijährige Pflanzen

Name	Signatur	Wuchshöhe	Blütezeit	Blütenfarbe	Standort
lateinisch, deutsch		in cm	(Monat)		
Adonis aestivalis, Sommerblutströpfchen	I	30	V – VIII	blutrot	○
Agrostemma githago, Kornrade	I	50	VI – VIII	violett-rosa	○
Conium maculatum, Gefleckter Schierling	II	100 – 200	VI – VIII	weiß	○–◐
Consolida regalis, Ackerrittersporn	I	40	VI – VIII	blau	○
Datura metel, Indischer Stechapfel	I	80 – 100	VI – VII	weiß	○–◐
Datura stramonium, Stechapfel	I	bis 60	VI – VII	weiß	○
Digitalis purpurea 'Gloxiniaeflora', Fingerhut	II – A	bis 150	VI – VII	rot, rosa	○–◐
Hyoscyamus niger, Bilsenkraut	I – II	30 – 60	VII – IX	gelb	○
Papaver rhoeas, Klatschmohn	I	60	VI – VII	gelb, rosa, rot	○–◐
Papaver somniferum, Schlafmohn	I	bis 80	VI – VIII	rosa	○

Ausdauernde Pflanzen

Name	Lebensdauer	Wuchshöhe	Blütezeit	Blütenfarbe	Standort
lateinisch, deutsch		in cm	(Monat)		
Aconitum napellus, Eisenhut	A	80 – 120	VII – VIII	dunkelblau	○–◐
Actaea spicata, Christophskraut	A	30 – 60	V – VI	weiß	○–◐
Arum italicum, Aronstab	A	30	V – VI	grünlich weiß orangeroter Fruchtstand	◐–●
Atropa belladonna, Tollkirsche	A	bis 150	VI – VIII	braunviolett	○–◐
Circaea lutetiana, Hexenkraut	A	20 – 60	VII – VIII	weiß-rosa	○–◐
Colchicum autumnale, Herbstzeitlose	A	5 – 20	VIII – X	rosa-lila	○
Convallaria majalis, Maiglöckchen	A	20	V – VI	weiß	◐–●
Dryopteris filix-mas, Wurmfarn	A	80	–	–	◐–●
Galanthus nivalis, Schneeglöckchen	A	30	II–III	weiß	○–◐
Helleborus atrorubens, Schneerose, Nieswurz	A	20	II – III	rot	◐–●
Helleborus niger, Christrose	A	20	XII – III	weiß	○
Hepatica nobilis, Leberblümchen	A	10	III – V	blau	○–◐
Mandragora officinarum, Alraune	A	20 – 20	III – IV	bläulich	○–◐
Narcissus poeticus, Dichternarzisse	A	60	IV – V	weiß	○
Papaver nudicaule, Mohn	A	40	V – VIII	orange, gelb, rosa, rot	○–◐
Paeonia officinalis ‘Alba Plena’, Bauernpfingstrose	A	60	V – VI	weiß	○–◐
Papaver orientale ‘Königin Alexandra’, Mohn	A	80	VI – VII	lachsrosa	○–◐
Polygonatum odoratum, Salomonssiegel	A	50	V – VI	weißlich	◐–●
Pulsatilla vulgaris, Kuhschelle	A	15	III – IV	hellviolett	○
Scopolia carniolica, Krainer Tollkraut	A	50	IV – V	weißlich	◐–●
Valeriana officinalis, Echter Baldrian	A	bis 150	VII – IX	weiß-rosa	○–◐

Der wahre Zaubergarten –
eine Betrachtung über den Zauber der Gärten

Wir sind aus einem Garten vertrieben, so erzählt es die biblische Geschichte. Seither suchen wir das Paradies. Als ein Hauch „Paradies" auf Erden wurden im alten Persien Gärten betrachtet. Das Wort Paradies leitet sich von „pairidaeza" ab, was so viel bedeutet wie „eingefriedeter Garten", das kleine Paradies, das durch Mauern von der Wildnis draußen getrennt ist.
Gärten sind also menschliche Schöpfungen und als solche nicht zweckfrei. Jeder hat seine eigenen Vorstellungen vom Nutzen, den der Garten bringen soll: Nahrungsquelle, Erholung oder einfach nur Schönheit.
In einer Welt, die von Stress verschiedenster Art geprägt ist, wird immer deutlicher, dass Gärten Oasen sein sollten, Zufluchtsstätten, Orte des Friedens und der geistigen Entspannung. Gärten erinnern uns an unsere Wurzeln, stellen unsere Sinne wieder her, beruhigen unsere Seelen und flößen uns einen Sinn für Freude ein.
Zu einem Zaubergarten kann unser kleines Paradies werden, wenn wir Pflanzen setzen, die uns Geschichten erzählen. Zauberkräfte entfalten Pflanzen oft allein dadurch, dass wir uns mit ihnen umgeben. Ihre Ausstrahlung kann vielleicht helfen, unseren verschütteten sechsten Sinn wieder zu wecken.
Der wahre Zaubergarten ist ein Garten, in dem Pflanzen miteinander wuchern und blühen, aber auch welken und vergehen können. Wenn man den Pflanzen die Möglichkeit zu freier Entfaltung lässt, danken sie es uns mit einer Fülle von Überraschungen.
In meinem Garten samen sich in manchen Jahren die Akeleien, die auch Elfenhandschuh genannt werden, so intensiv aus, dass mein Garten zu einem Elfenreich in zartesten Farbtönen wird. In anderen Jahren vermehren sich die Nachtviolen so, dass die Nächte erfüllt von ihrem süßen Duft durch ihre zartvioletten Farben zu leuchten beginnen. Ein Beet in meinem Garten ist den „Ackerunkräutern" gewidmet. Im Vorjahr war es ein blutrotes Meer von Klatschmohn mit einigen blauen Kornblumentupfern. Wie schön, dass passend zum Thema dieses Buches mich meine Lieblingspflanze, das düstere Bilsenkraut, in diesem Jahr mit überwältigender Fülle erfreut hat, nur unterbrochen von lieblichen Stechapfelblüten und dem zarten Grün des Schierlings. Für mich ist mein Garten ein Zauberreich, ein Ort, der mich ständig aufs Neue bezaubert.

Miriam Wiegele,
November 2002 und 2015

Maßnahmen bei Vergiftungen

Versuchen, die Giftquelle zu finden und die nächste Vergiftungszentrale anrufen:

Österreich:
Vergiftungsinformationszentrale
+43(0)1/434343

Deutschland:
Hier gibt es viele lokale Informationszentren, Informationszentrale gegen Vergiftungen in Bonn:
+49(0)228/287-3111 u. 3333

Schweiz:
Schweizerisches Toxikologisches Informationszentrum
+41(0)1/25-15151

- **Reichlich Wasser zum Trinken geben (keine kohlensäurehaltigen Getränke und auf keinen Fall Milch)**
- **Als Universal-Gegenmittel sollte in jedem Haushalt Medizinal-Kohle zum Binden der Gifte und damit zur Verhinderung der Aufnahme der Gifte ins Blut zur Verfügung stehen: 10–20 Kohle-Tabletten oder 20–30 g Kohle-Pulver geben.**
- **Auf keinen Fall Erbrechen hervorrufen, eventuell Erbrochenes dagegen zum Identifizieren aufbewahren.**
- **Bei Bewusstlosigkeit in stabile Seitenlage bringen und in jedem Fall den Notarzt rufen.**

(Foto: Andrea Wilhelm/fotolia.com)

Literaturquellen und weiterführende Literatur

Aabraham, Hartwig; Thinnes, Inge:
Hexenkraut und Zaubertrank.
Unsere Heilpflanzen in Sagen, Aberglauben und Legenden.
Urs-Freund-Verlag, 3. Aufl., Greifenberg 1997

Beuchert, Marianne:
Symbolik der Pflanzen.
Von Akelei bis Zypresse.
Insel-Verlag, 2. Aufl., Frankfurt/Main 1996

Duerr, Hans Peter:
Traumzeit.
Über die Grenze zwischen Wildnis und Zivilisation.
Syndikat-Verlag, Frankfurt/Main 1978

Engel, Fritz-Martin:
Zauberpflanzen. Pflanzenzauber.
Landbuch-Verlag, Hannover 1978

Fischer, Susanne:
Medizin der Erde.
Legenden, Mythen, Heilanwendung und Betrachtung unserer Heilpflanzen.
Hugendubel, München 1984

Genders, Roy:
Flowers and Herbs of Love.
Darton, Longman and Todd, London 1978

Grimm, Jacob:
Deutsche Mythologie.
Bd. II. Adeva, Graz 1968
(urspr.: Meyer, Berlin 1875–78)

Haerkötter, Gerda und Marlene:
Hexenfurz und Teufelsdreck.
Liebes-, Heil- und Giftkräuter. Hexereien, Rezepte, Geschichten.
Eichborn-Verlag, Frankfurt/Main 1986

Hansen, Harold A.:
Der Hexengarten.
Dianus Trikont, München 1980

Köstler, Gisela:
Wurzelsepp und Kräuterweibl.
Verlag Kremayr und Scheriau, Wien 1981

Müller-Ebeling, Claudia; Rätsch, Christian; Storl, Wolf-Dieter:
Hexenmedizin.
Die Wiederentdeckung einer verbotenen Heilkunst – schamanische Traditionen in Europa.
AT-Verlag, Aarau 1998

Perger, Anton von:
Deutsche Pflanzensagen.
Schaber-Verlag, Stuttgart u.a. 1864

Rätsch, Christian:
Lexikon der Zauberpflanzen.
VMA-Verlag, Graz 1988

Rätsch, Christian:
Pflanzen der Liebe.
Aphrodisiaka in Mythos, Geschichte und Gegenwart.
Hallwag, Bern 1990

Rippe, Olaf; Madejsky, Margret; Amann, Max u.a.:
Paracelsusmedizin.
Altes Wissen in der Heilkunst von heute. Philosophie. Astrologie. Alchemie. Therapiekonzepte.
AT-Verlag, Aarau 2001

Roth, L.; Daunderer, M.; Kormann, K.:
Giftpflanzen – Pflanzengifte.
Nikol-Verlag, 4. Aufl., Hamburg 1994

Scherf, Gertrud:
Zauberpflanzen, Hexenkräuter.
Mythos und Magie heimischer Wild- und Kulturpflanzen.
BLV-Verlag, München 2002

Sprenger, Jakob; Iinstitoris, Heinrich:
Der Hexenhammer.
Malleus maleficarum.
Dtv, München 1982

Storl, Wolf-Dieter:
Vom rechten Umgang mit heilenden Pflanzen.
Das vergessene Wissen der weisen Frauen und Wurzelkundigen.
Auer-Verlag, Freiburg im Breisgau 1986

Wiegele, Miriam:
Geschichten von Blumen und Kräutern.
Ein Märchenbuch für Jung und Alt.
Norka-Verlag

Bezugsquellen

Österreich

Sarastro, Christian Kreß,
Ort 131, A-4974 Ort/Innkreis
www.sarastro-stauden.com
(großes Angebot an Gartenstauden, darunter viele Raritäten)

Stauden Feldweber,
A-4974 Ort/Innkreis 139
www.feldweber.com
(sehr umfassendes Angebot an Gartenstauden)

Gartenbau Wagner,
Gutendorf 38, A-8353 Kapfenstein
www.gartenbauwagner.at
(gut sortiertes Angebot an Kräutern, darunter auch Zauberkräuter)

Naturgarten Andreas,
Lechnerstr. 5, A-1140 Wien
www.naturgarten.at
(großes Angebot an Wildpflanzen, darunter auch Hexenkraut, Allermannsharnisch etc.)

DI Alexander Mrkvicka,
Siebzehn-Föhren-G. 7,
A-2380 Perchtoldsdorf,
www.hobbies.privateweb.at
(bietet Samen von schwer erhältlichen Pflanzen wie Teufelsabbiss, Hexenkraut etc. an)

Voitsauer Wildblumensamen,
A-3623 Voitsau 8
www.wildblumensaatgut.at
(großes Saatgutangebot von Wildpflanzen wie Hexenkraut, Teufelsabbiss etc.)

Deutschland

Rühlemanns Kräuter & Duftpflanzen,
Auf dem Berg 2, D-27367 Horstedt,
www.ruehlemanns.de
(beeindruckendes Angebot an exotischen und heimischen Heilpflanzen und Samen, darunter viele außergewöhnliche Zauberpflanzen)

Raritäten-Gärtnerei,
D-943471 Arnbruck
www.pflanzentreml.de
(großes Angebot an exotischen und heimischen Heilpflanzen, darunter viele Zauberkräuter)

Blumenschule,
Augsburger Str. 62, D-86956 Schongau
www.blumenschule.de
(gut sortierter Kräutergärtner, darunter viele Zauber- und Giftpflanzen)

Staudengärtnerei Gaissmayer,
Jungviehweide 3,
D-89257 Illertissen,
www.gaissmayer.de
(große Staudengärtnerei, auch Zauberpflanzen)

Botanischer Alpengarten,
D-88132 Lindau/Bodensee
Tel. +49(0)8382-5402
(Alpenpflanzen, darunter auch viele Zauberpflanzen)

Blauetikett Bornträger,
D-67591 Offstein
demnächst: www.blauetikett.de
(großes Samen- und Pflanzenangebot von Wildpflanzen und Kräutern)

Hof Berg-Garten,
D-79737 Großherrischwand
www.hof-berggarten.de
(best sortiertes Samenangebot von Wildpflanzen, darunter viele Zauberkräuter)

Ausland

Richters, The Herb Specialist,
Goodwood, Ontario, LOC 1AO, Canada,
www.Richters.com
(weltweit größtes Angebot an Heil-, Gewürz- und auch Zauberpflanzen)

Chiltern Seeds, Bortree Stile,
Ulverston, Cumbria LA12 7PB, England,
www.chilternseeds.co.uk
(beeindruckendes Samenangebot von Pflanzen rund um den Erdball)

J.L.Hudson,
Box 337, La Honda, California,
94020 U.S.A.
www.jlhudsonseeds.net
(interessantes Samenangebot, darunter auch mexikanische)

Keramikobjekte

Die Maske im apotropäischen Blumentopf in meinem Garten stammt von einer burgenländischen Keramikkünstlerin:
Uschi Schönleitner,
Allersgraben 1, A-7481 Stadtschlaining,
Tel. +43(0)650/5805817
Weitere Keramikwerkstätten und Töpfermärkte findet man unter:
www.toepfermaerkte.at und
www.toepfermaerkte.de

Register

(Foto: Heike Rau/fotolia.com)

Haftungsausschluss
In diesem Buch werden Hinweise zu naturheilkundlichen Anwendungen gegeben. Für die Richtigkeit der Angaben, im Speziellen für gesundheitliche Schäden aufgrund unsachgemäßer Anwendung von Heil-, Wirk- und Giftpflanzen, wird trotz sorgfältiger Recherchen von der Autorin und den Verlagen keine Haftung übernommen.

Impressum

avBUCH im Cadmos Verlag

Gestaltung und Satz: r2 | Ravenstein, Verden
Lektorat: Christine Weidenweber, www.verbene.eu

Coverfoto: Pavel Bortel/fotolia.com
Zeichnungen: Julia Weidenweber: Seiten 25, 26, 27, 35, 47, 50, 127, 130, 133, 157, 159, 161
Alle anderen Zeichnungen von Peter Bürger

Druck: Westermann Druck, Zwickau

Deutsche Nationalbibliothek – CIP-Einheitsaufnahme
Die Deutsche Nationalbibliothek verzeichnet diese Publikation in der Deutschen Nationalbibliografie; detaillierte bibliografische Daten sind im Internet über http://dnb.ddb.de abrufbar.

Die Studien und Erkenntnisse über die Anwendungen in diesem Buch wurden sorgfältig recherchiert und nach bestem Wissen und Gewissen wiedergegeben. Alle Informationen ersetzen aber in keinem Fall ärztlichen Rat und ärztliche Hilfe. Bei erkennbaren Krankheiten ist in jedem Fall ein Arzt aufzusuchen. Der Verlag und die Autorin übernehmen keinerlei Haftung für Beschwerden, die sich durch Anwendung der Rezepte ergeben, und übernehmen auch keinerlei Verantwortung für medizinische Forderungen.

Für die Richtigkeit der Angaben wird trotz sorgfältiger Recherche keine Haftung übernommen.

Printed in Germany

ISBN: 978-3-8404-7543-6